智能变电站调试与应用技术

主 编 李 靖 崔建业
副主编 钱 肖 刘乃杰 王韩英

中国水利水电出版社
www.waterpub.com.cn
·北京·

内 容 提 要

本书结合智能变电站运维检修实际，总结归纳了多年来现场调试及应用的宝贵经验。全书共分为8章，包括智能变电站概述、智能变电站构成、智能变电站调试工作基础、智能变电站单体调试、智能变电站设备保护整组联动、智能变电站常见安全措施及示例、智能变电站调试常见问题及处理和智能变电站继电保护验收等内容。

本书既可作为从事智能变电站运行管理、检修调试、设计施工等相关人员的专业参考书和培训教材，也可作为高等院校相关专业师生的教学参考书。

图书在版编目（CIP）数据

智能变电站调试与应用技术 / 李靖，崔建业主编
. -- 北京：中国水利水电出版社，2018.10(2023.2重印)
ISBN 978-7-5170-7065-8

Ⅰ．①智… Ⅱ．①李… ②崔… Ⅲ．①智能系统－变
电所－调整试验 Ⅳ．①TM63

中国版本图书馆CIP数据核字(2018)第242815号

书　　名	**智能变电站调试与应用技术** ZHINENG BIANDIANZHAN TIAOSHI YU YINGYONG JISHU
作　　者	主　编　李　靖　崔建业 副主编　钱　肖　刘乃杰　王韩英
出版发行	中国水利水电出版社 （北京市海淀区玉渊潭南路1号D座　100038） 网址：www.waterpub.com.cn E-mail：sales@mwr.gov.cn 电话：(010) 68545888（营销中心）
经　　售	北京科水图书销售有限公司 电话：(010) 68545874、63202643 全国各地新华书店和相关出版物销售网点
排　　版	中国水利水电出版社微机排版中心
印　　刷	天津嘉恒印务有限公司
规　　格	184mm×260mm　16开本　14印张　332千字
版　　次	2018年10月第1版　2023年2月第2次印刷
印　　数	4001—6000册
定　　价	**86.00元**

凡购买我社图书，如有缺页、倒页、脱页的，本社营销中心负责调换

本书编委会

主　　编　李　靖　崔建业

副主编　钱　肖　刘乃杰　王韩英

参编人员　江应沪　李有春　黄　健　何明锋　陈文胜

　　　　　杜浩良　刘　畅　吴雪峰　金慧波　徐　峰

　　　　　刘　栋　郑　燃　郑晓明　李跃辉　杜文佳

　　　　　沈尖锋　朱兴隆　潘铭航　张　伟　郑　航

　　　　　叶　玮　吴　珣　杨运有　左　晨　梅　杰

前　　言

全球能源互联网战略加快了世界各国能源互联互通的步伐，科技的进步有力地促进了国内智能电网的快速发展。智能变电站是智能电网的重要组成部分，随着智能变电站的不断建设和广泛应用，电网安全稳定运行面临着新形势、新任务、新挑战。为了适应智能电网发展需要，提高智能变电站从业人员的理论知识和实操技能，我们编写了《智能变电站调试与应用技术》一书。

该书从智能变电站概念、特征、构成、体系入手，深入浅出地介绍了有关智能变电站的基本理论，根据工程实际，详细地阐述了智能变电站实际应用过程中的技术难点和解决方案，内容主要由智能变电站概述、智能变电站构成、智能变电站调试工作基础、智能变电站单体调试、智能变电站设备保护整组联动、智能变电站常见安全措施及示例、智能变电站调试常见问题及处理和智能变电站继电保护验收几个部分组成，旨在提升一线员工对智能变电站的深入理解及分析问题、解决问题的能力。

本书编写人员均为从事一线生产和技术管理的专家，编写力求贴近现场工作实际，采用浅显易懂的语言和容易理解的方法进行阐述，具有内容丰富、实用性和针对性强等特点。希望通过对本书的学习，可以使更多一线员工快速掌握智能变电站调试与应用技术，提高自身专业技能和工作能力。

在本书的编写过程中得到许多领导和同事的支持和帮助，使得内容更加全面、重点更加突出，在此向他们表示衷心的感谢。本书的编写参阅了大量的参考文献，在此对其作者一并表示感谢。

由于编者水平有限，书中难免有疏漏和不足之处，恳请读者批评指正。

编者

目　　录

前言

第1章　智能变电站概述 ·· 1

1.1　智能变电站的发展 ··· 1

1.2　智能变电站的结构、功能与特征 ······································· 5

1.3　智能变电站调试特点 ·· 8

第2章　智能变电站构成 ··· 11

2.1　典型结构 ··· 11

2.2　过程层设备 ··· 12

2.3　间隔层设备 ··· 18

2.4　站控层设备 ··· 24

第3章　智能变电站调试工作基础 ·· 26

3.1　调试相关规程 ·· 26

3.2　智能变电站调试项目及流程 ·· 28

3.3　调试常用软件 ·· 39

3.4　调试工器具的使用 ·· 42

第4章　智能变电站单体调试 ··· 52

4.1　MU调试 ··· 52

4.2　智能终端调试 ·· 62

4.3　数字化保护装置调试 ··· 67

4.4　网络设备测试 ·· 85

4.5　监控后台系统调试 ·· 88

4.6　测控装置调试 ·· 91

第5章　智能变电站设备保护整组联动 ·· 96

5.1　保护整组联动 ·· 96

5.2　检修压板功能验证 ··· 103

5.3　GOOSE二维表检查 ·· 106

5.4　整站通流试验 ·· 115

第6章　智能变电站常见安全措施及示例 ······································· 121

6.1　智能变电站装置安全措施隔离技术及原则 ··························· 121

6.2　220kV线路保护安全措施 ·· 123

6.3　主变保护安全措施 ·· 126

6.4　220kV母线保护安全措施 ··· 128

6.5　220kV 母联保护安全措施 ……………………………………… 129

6.6　110kV 备自投装置安全措施 …………………………………… 130

6.7　110kV 线路保护安全措施 ……………………………………… 132

6.8　110kV 母线保护安全措施 ……………………………………… 133

6.9　远景技术条件下的安全措施 …………………………………… 134

第 7 章　智能变电站调试常见问题及处理 ………………………… 136

7.1　MU 常见问题及处理 …………………………………………… 136

7.2　智能终端常见问题及处理 ……………………………………… 151

7.3　数字化保护装置常见问题及处理 ……………………………… 160

7.4　测控装置常见问题及处理 ……………………………………… 165

7.5　监控后台常见问题及处理 ……………………………………… 167

7.6　现场案例 ………………………………………………………… 169

第 8 章　智能变电站继电保护验收 ………………………………… 174

8.1　配置文件及资料验收 …………………………………………… 174

8.2　屏柜外观、二次回路、光纤及网络性能验收 ………………… 175

8.3　保护装置功能及性能验收检查 ………………………………… 177

8.4　智能变电站继电保护验收卡示例 ……………………………… 181

第1章　智能变电站概述

1.1　智能变电站的发展

变电站是电力系统中连接发电厂与电力用户的重要节点,发电厂要将生产的电能远距离传输就需要将电压升高;电能要送到用户附近,满足用户电气设备的电压要求就需要将电压降低。这种将电压升高、降低的工作由变电站来完成。变电站在电力系统中除了升、降电压外,还是系统负荷分配、控制电流流向、连接不同电压等级电网的场所。为满足电网经济运行的需要,伴随着电力系统的发展,变电站经历了常规变电站、综合自动化变电站、数字化变电站的发展历程,正逐步向智能化变电站演化。

1.1.1　变电站阶段划分

第一阶段:1990 年前,为传统二次系统,常规继电器实现保护测控。

第二阶段:1990—2005 年,综合自动化变电站推广,技术发展较快。20 世纪 90 年代中期,IEC 提出了 IEC 61850 标准。

第三阶段:2005—2009 年,数字化变电站开始出现。到今天,综合自动化变电站技术已经比较成熟,向数字化变电站过渡。

第四阶段:2009 年以后,智能电网的发展加快了数字化变电站的发展,智能变电站开始推广。

1.1.2　综合自动化变电站

综合自动化变电站的概念是在微机保护在变电站得到广泛应用的背景下提出来的。由于变电站微机保护装置普及,微机保护除了具备强大的保护功能外,还具备强大的数据采集功能和通信功能。因此,如果能够将微机保护的数据采集功能充分利用起来,不但有助于降低监控系统的造价,而且还有助于提高变电站运行的自动化水平。

常规综合自动化变电站的一次设备采集模拟量,通过电缆将模拟信号传输到测控保护装置,进行模数转换后处理数据,然后通过网络将数字量传到后台监控系统。同时监控系统和测控保护装置对一次设备的控制通过电缆传输模拟信号实现其功能。

综合自动化变电站的发展经历了两个阶段:第一阶段(自 20 世纪 90 年代中期开始)主要是以 110kV 及以下电压等级的变电站为对象开发出了星形结构的综合自动化系统;第二阶段(自 20 世纪初开始)主要是以 220kV 及以上电压等级的变电站为对象开发出了总线结构的综合自动化系统。综合自动化变电站是借助于通信技术,将变电站内以微机保护为主体的一系列智能装置所提供的信息综合起来所构成的保护监控一体化变电站。目前运行的变电站综合自动化系统是利用现代电子技术通信技术和信息处理技术等实现对变电站二次设备（包括继电保护、控制、测量、信号、故障录波、自动装置及远动装置等）功能进行重新组合、优化设计，对变电站全部设备的运行情况执行监视、测量、控制和协调的一种综合性的自动化系统，通过变电站综合自动化系统内各设备间相互交换信息，数据共享，完成变电站运行监视和控制任务。

1.1.3 数字化变电站

数字化变电站是由电子式互感器、智能化终端、数字化保护测控设备、数字化计量仪表、光纤网络和双绞线网络以及 IEC 61850 规约组成的全智能的变电站模式，按照分层分布式来实现变电站内智能电气设备间信息共享和互操作性的现代化变电站。数字化变电站的所有信息采用统一的信息模型，按统一的通信标准接入变电站通信网络。变电站的保护、测控、计量、监控、远动、VQC 等系统均用同一个通信网络接收电流、电压和状态等信息，并发出控制命令，不需为不同功能建设各自的信息采集、传输和执行系统。

与综合自动化变电站比较，数字化变电站含有以下多种技术的研究应用：IEC 61850的应用，电子式互感器及智能高压电器，基于 IEC 61850 标准、电子互感器、智能高压电器等应用的继电保护、测控技术与装置，基于 IEC 61850 标准的电能计量技术，数字化变电站稳定安全可靠性，数字化变电站相关的设计、试验、验收、运行、维护技术标准与规范研究。同是站控层—间隔层—过程层，综合自动化变电站与数字化变电站典型结构比较如图 1.1 所示。

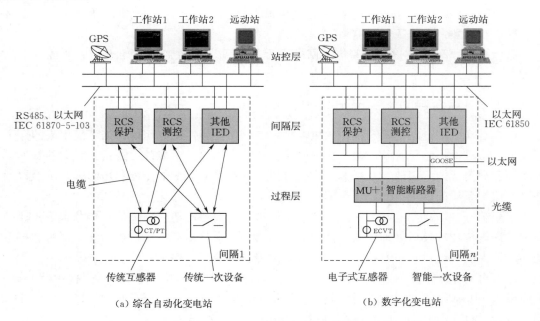

图 1.1 综合自动化变电站与数字化变电站典型结构比较图

数字化变电站对比综合自动化变电站的优势如下：

（1）避免重复建设，共享统一信息模型。综合自动化变电站由于各种功能采用的通信标准和信息模型不尽相同，二次设备和一次设备间用电缆传输模拟信号和电平信号，各种功能需建设各自的信息采集、传输和执行系统，增加了变电站的复杂性和成本。

（2）减少变电站全生命周期成本。数字化变电站的设备间信息交换均通过通信网络完成，数字化变电站在扩充功能和扩展规模时，只需在通信网络上接入新增设备，无须改造或更换原有设备，保护用户投资。数字化变电站各种功能的采集、计算和执行分别在不同设备实现，变电站在新增功能时，如果原来的采集和执行设备能满足新增功能的需求，可在原有的设备上运行新增功能的软件，不需要硬件投资。

（3）二次接线将大幅度简化。数字化变电站的一次设备和二次设备间、二次设备之间均采用计算机通信技术，一条信道可传输多个通道的信息，同时采用网络通信技术，通信线的数量约等于设备数量，因此数字化变电站的二次接线将大幅度简化。

（4）信号传输采用计算机通信技术实现。数字化变电站的信号传输均用计算机通信技术实现。通信系统在传输有效信息的同时传输信息校验码和通道自检信息，一方面杜绝误传信号；另一方面在通信系统故障时可技术告警。

综合自动化变电站一次设备和二次设备间直接通过电缆传输没有校验信息的信号，当信号出错或电缆断线、短路时都难以发现，而且传输模拟信号难以使用光纤技术，易受干扰。

（5）数字化变电站可实现更复杂的自动化功能。传统综合自动化变电站由于通信系统传输信息的完整性、实时性和可靠性有限，许多自动化技术只能停留在试验室阶段，难以工程应用。数字化变电站的采用智能一次设备，所有功能均可遥控实现。通信系统传输的信息更完整，通信的可靠性和实时性都大幅度提高，因此可实现更多、更复杂的自动化功能，提高自动化水平。

1.1.4　智能变电站

近年来，我国经济发展迅速，电力需求同步增强，在电网建设与改造上投入了大量资金，电网的覆盖面、供电能力以及设备的数字化程度都有了大幅度提高。根据我国能源资源的分布特点和国家发展战略部署，我们必须建设中国特色的坚强智能电网。

目前，国内在智能电网相关技术领域已经开展了大量的研究和实践，输电技术已经达到国际先进水平，配用电领域的智能化应用研究也在积极探索之中。2007 年，华东电网公司启动了以提升大电网安全稳定运行能力为目的的智能互动电网可行性研究项目，启动了高级调度中心和统一信息平台等智能电网试点工程。2008 年，华北电网公司也开始进行智能电网相关的研究和建设，致力于打造智能调度体系，搭建智能电网信息架构，研发清洁能源关键技术，为建设智能输电网奠定基础。上海市电力公司也相继开展了智能配电网研究，重点关注智能表计、配电自动化以及用户互动等方面。同时，天津大学、华中科技大学等高校也相继成立了智能电网研究机构，对相关技术领域进行研究和探索。

2009 年 5 月，国家电网公司提出了立足自主创新，以统一规划、统一标准、统一建设为原则，建设以特高压电网为骨干网架，各级电网协调发展，具有信息化、自动化、互动化特征的统一坚强智能电网的发展目标，并提出了三个阶段的发展计划，其中变电环节中智能变电站建设是关键技术。智能变电站是坚强智能电网的重要基础和支撑，设备信息数字化、功能集成化、结构紧凑化、检修状态化是变电站发展的方向，最终是要实现运行维护的高效化的目标。

智能变电站是采用先进、可靠、集成、低碳、环保的智能设备，以全站信息数字化、通信平台网络化、信息共享标准化为基本要求，自动完成信息采集、测量、控制、保护、计量和监测等基本功能，并可根据需要支持电网实时自动控制、智能调节、在线分析决策、协同互动等高级功能的变电站。它基于 IEC 61850 标准，体现了集成一体化、信息标准化、协同互动化的特征。

智能变电站的设计及建设应遵循"统一规划、统一标准、统一建设"的原则，满足《电力系统安全稳定控制系统通用技术条件》（DL/T 1092—2008）三道防线要求和《电力系统安全稳定导则》（DL/T 755—2001）三级安全稳定标准，以及《继电保护和安全自动装置技术规程》（GB/T 14285—2006）继电保护选择性、速动性、灵敏性、可靠性的要求，遵守《电力二次系统安全防护总体方案》；应实现高压设备运行状态信息采集功能的接收、执行指令，反馈执行信息，实现保护宿主高压设备功能的逻辑元件（即测量、控制、保护等单元）满足相应行业标准；应建立包含电网实时同步运行信息、保护信息、设备状态、电能质量等各类数据的标准化信息模型，满足基础数据的完整性及一致性的要求。其采集的变电站数据不仅包含实时稳态、暂态、动态数据，还要有信息模型、设备在线监测、视频等数据。

智能变电站与数字化变电站的差异主要体现在以下方面：

（1）数字化变电站主要从满足变电站自身的需求出发，实现站内一次、二次设备的数字化通信和控制，建立全站统一的数据通信平台，侧重于在统一通信平台的基础上提高变电站内设备与系统间的互操作性。而智能变电站则从满足智能电网运行要求出发，比数字化变电站更加注重变电站之间、变电站与调度中心之间的信息的统一与功能的层次化。需要建立全网统一的标准化信息平台，作为该平台的重要节点，提高其硬件与软件的标准化程度，以在全网范围内提高系统的整体运行水平为目标。

（2）数字化变电站已经具有了一定程度的设备集成和功能优化的概念，要求站内应用的所有智能电子装置（IED）满足统一的标准，拥有统一的接口，以实现互操作性。IED分布安装于站内，其功能的整合以统一标准为纽带，利用网络通信实现。数字化变电站在以太网通信的基础上，模糊了一次、二次设备的界限，实现了一次、二次设备的初步融合。而智能变电站设备集成化程度更高，可以实现一次、二次设备的一体化、智能化整合和集成。

（3）智能电网拥有更大量新型柔性交流输电技术及装备的应用，以及风力发电、太阳能发电等间歇式、分布式清洁电源的接入，需要满足间歇性电源"即插即用"的技术要求。

因此，智能变电站是数字化变电站的升级和发展。在数字化变电站的基础上，结合智能电网的需求，对变电站自动化技术进行充实以实现变电站智能化功能。智能变电站的设计和建设必须在智能电网的背景下进行，要满足我国智能电网建设和发展的要求，体现我国智能电网信息化、数字化、自动化、互动化的特征。

1.2 智能变电站的结构、功能与特征

1.2.1 智能变电站体系结构

目前，国内智能变电站大部分采用的是"三层两网"的结构，如图 1.2 所示。

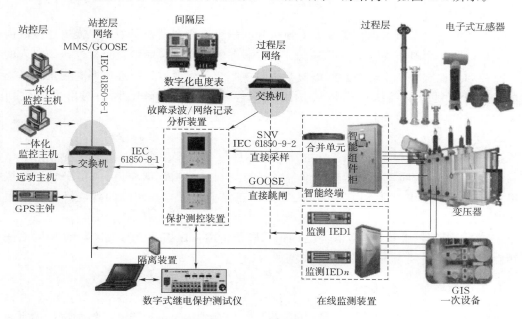

图 1.2 智能变电站"三层两网"典型结构图

1.2.1.1 三层

智能变电站系统分为三层，即过程层、间隔层、站控层。

过程层包含由一次设备和智能组件构成的智能设备、合并单元（Merging Unit，MU）和智能终端，完成变电站电能分配、变换、传输及其测量、控制、保护、计量、状态监测等相关功能。根据国网相关导则、规范的要求，保护应直接采样，对于单间隔的保护应直接跳闸，涉及多间隔的保护（母线保护）宜直接跳闸。智能组件是灵活配置的物理设备，可包含测量单元、控制单元、保护单元、计量单元、状态监测单元中的一个或几个。

间隔层设备一般指继电保护装置、测控装置、故障录波等二次设备，实现使用一个间隔的数据并且作用于该间隔一次设备的功能，即与各种远方输入/输出、智能传感器和控制器通信。

站控层包含自动化系统、站域控制系统、通信系统、对时系统等子系统，实现面向全站或一个以上一次设备的测量和控制功能，完成数据采集和监视控制（SCADA）、操作闭锁以及同步相量采集、电能量采集、保护信息管理等相关功能。

站控层功能高度集成，可在一台计算机或嵌入式装置实现，也可分布在多台计算机或

嵌入式装置中。

1.2.1.2 两网

变电站网络在逻辑上可分为站控层网络和过程层网络。站控层网络是间隔层设备和站控层设备之间的网络,实现站控层内部以及站控层和间隔层之间的数据传输;过程层网络是间隔层设备和过程层设备之间的网络,实现间隔层设备和过程层设备之间的数据传输。间隔层设备之间的通信,在物理上可以映射到站控层网络,也可以映射到过程层网络。

1. 站控层网络

站控层网络设备包括站控层中心交换机和间隔交换机。站控层中心交换机连接数据通信网关机、监控主机、综合应用服务器、数据服务器等设备,间隔交换机连接间隔内的保护、测控和其他智能电子设备。间隔交换机与中心交换机通过光纤连成同一物理网络。站控层和间隔层之间的网络通信协议采用 MMS,故也称为 MMS 网。网络可通过划分 VLAN(虚拟局域网)分割成不同的逻辑网段,也就是不同的通道。

2. 过程层网络

过程层网络包括 GOOSE(面向通用对象事件)网和 SV 网。

GOOSE 网用于间隔层和过程层设备之间的状态与控制数据交换。GOOSE 网一般按电压等级配置,220kV 以上电压等级采用双网,保护装置与本间隔的智能终端之间采用 GOOSE 点对点通信方式。

SV 网用于间隔层和过程层设备之间的采样值传输,保护装置与本间隔的 MU 之间也采用点对点的方式接入 SV 数据,即"直采直跳"。

1.2.2 智能一次设备

高压设备是电网的基本单元,高压设备智能化(或称智能设备)是智能电网的重要组成部分,也是区别于传统电网的主要标志之一。利用传感器对关键设备的运行状况进行实时监控,进而实现电网设备可观测、可控制和自动化是智能设备的核心任务和目标。《高压开关设备智能化技术条件》《油浸式电力变压器智能化技术条件》对一次设备智能化做了相关规定。在满足相关标准要求的情况下,可进行功能一体化设计,包括以下 3 个方面:

(1)将传感器或执行器与高压设备或其部件进行一体化设计,以达到特定的监测和控制目的。

(2)将互感器与变压器、断路器等高压设备进行一体化设计,以减少变电站占地面积。

(3)在智能组件中,将相关测量、控制、计量、监测、保护进行一体化融合设计,实现一次、二次设备的融合。

1.2.3 智能设备与顺序控制

智能变电站中实现智能化的高压设备操作宜采用顺序控制,满足无人值班及区域监控中心站管理模式的要求;应可接收执行监控中心、调度中心和当地后台系统发出的控制指令,经安全校核正确后自动完成符合相关运行方式变化要求的设备控制,即能自动生成不同的主接线和不同的运行方式下的典型操作票；自动投退保护软压板；当设备出现紧急缺陷时，具备急停功能；配备直观的图形图像界面，可以实现在站内和远端的可视化操作。

1.2.4 智能变电站应实现的高级功能

智能变电站应实现的高级应用功能包括：设备状态监测、防误功能扩展应用、智能告警及事故信息综合分析决策等。

1.2.4.1 设备状态监测

智能变电站设备实现广泛的在线监测，使设备状态检修更加科学可行。在智能变电站中，可以有效地获取电网运行状态数据、各种智能电子装置的故障和动作信息及信号同路状态；智能变电站中二次设备状态特征量的采集上减少了盲区。但就目前的在线监测发展水平来看，尚不具备实现囊括所有设备在内的全面在线监测的可能性，对变电站内主要一次设备采取有针对性的在线监测技术可取得较好的投资效益。对主变、HGIS/GIS、避雷器等设备实现在线监测，监测的参量为主变油色谱、HGIS/GIS SF$_6$气体微水和局部放电、避雷器泄漏电流、次数等。

状态监测与诊断系统是一套变电站设备综合故障诊断系统，依据获得的被监测设备状态信息，采用基于多信息融合技术的综合故障诊断模型，结合被监测设备的结构特性和参数、运行历史状态记录以及环境因素，对被监测设备工作状态和剩余寿命做出评估。

1.2.4.2 防误功能扩展应用

智能变电站主要采用了以下防误闭锁的关键技术：

（1）相对于常规变电站的防误闭锁，智能变电站增加了监控中心层面的防误闭锁逻辑。

（2）顺序控制操作方式。所谓顺序控制是指通过控中心的计算机监控系统下达操作任务，由计算系统独立地按顺序分步骤地实现操作任务。全站有隔离开关、接地开关，防误操作方式为远、近均采用逻辑防误加本间隔电气节点防误。其中逻辑防误通过 GOOSE 传输机制实现，取消常规 HGIS/GIS 跨间隔电气节点闭锁回路，通过 GOOSE 信息现跨间隔操作的闭锁。

1.2.4.3 智能告警及事故信息综合分析决策

智能变电站监控系统上安装有智能告警及事故信息综合分析决策系统，对信号进行分类显示处理，提取故障告警信息，辅助故障判断及处理。根据变电站逻辑和推理模型，实现对告警信息的分类和信号过滤，对变电站的运行状态进行在线实时分析和推理，自动报告变电站异常并提出故障处理指导意见，为主站提供智能告警，也为主站分析决策提供事件信息。

系统可以根据告警信号的重要性将每个告警信号进行定义，标注重要等级，以实现告警信息按分类分页显示。告警实时显示窗口可由多个页面组成，包括时序信息、提示信息、告警信息、事故及变位信息、检修信息、未复归告警信息。另外，告警信息可按厂站或间隔进行过滤，即只显示某个厂站或间隔的信息。

1.2.5 智能变电站的特征

作为智能电网的一个重要节点，智能变电站是指以变电站一次、二次设备为数字化对象，以高速网络通信平台为基础，通过对数字化信息进行标准化，实现站内外信息共享和互操作，实现测量监视、控制保护、信息管理、智能状态监测等功能的变电站。智能变电站应坚强可靠，应具有"一次设备智能化、全站信息数字化、信息共享标准化、高级应用互动化"等重要特征。

（1）坚强可靠的变电站。智能变电站除了关注站内设备及变电站本身可靠性外，更关注自身的自诊断和自治功能，做到设备故障提早预防、预警，并可以在故障发生时自动将设备故障带来的供电损失降低到最小限度。

（2）一次设备智能化。随着基于光学或电子学原理的电子式互感器和智能断路器的使用，常规模拟信号和控制电缆将逐步被数字信号和光纤代替，测控保护装置的输入输出均为数字通信信号，变电站通信网络进一步向现场延伸，现场的采样数据、开关状态信息能在全站甚至广域范围内共享，实现真正意义的智能变电站。

（3）全站信息数字化。实现一次、二次设备的灵活控制，且具备双向通信功能，能够通过信息网进行管理，满足全站信息采集、传输、处理、输出过程完全数字化。

（4）信息共享标准化。基于 IEC 61850 标准的统一标准化信息模型实现了站内外信息共享。智能变电站将统一和简化变电站的数据源，形成基于同一断面的唯一性、一致性基础信息，通过统一标准、统一建模来实现变电站内的信息交互和信息共享，可以将常规变电站内多套孤立系统集成为基于信息共享基础上的业务应用。

（5）高级应用互动化。实现各种站内外高级应用系统相关对象间的互动，服务于智能电网互动化的要求，实现变电站与控制中心之间、变电站与变电站之间、变电站与用户之间和变电站与其他应用需求之间的互联、互通和互动。

1.3　智能变电站调试特点

智能变电站的二次设备，从功能实现上来说和传统二次装置基本一致，均为完成对一次设备的监测、控制和保护等功能。与传统变电站的不同在于智能变电站为"三层两网"的结构，即在传统变电站一次设备与传统间隔层的保护、测控等设备之间增加了过程层设备，现阶段过程层设备就指 MU 及智能终端（二合一装置称为智能组件）。过程层与间隔层之间为过程层网络（即 GOOSE＋SV 网络，点对点直连以及经交换机组网均属于该网络范畴，该网络替代了传统变电站的二次电缆功能），间隔层与站控层之间为间隔层网络（即 MMS 网络，这与传统变电站类似，传输测控开入信号及间隔层设备的软报文）。由于规约变化、网络结构和二次设备发生了变化，必然带来调试方法的改变，两者的区别主要体现在以下方面。

1.3.1　图样审查

传统变电站调试人员在进场前首先进行图样审查工作，以确保图样设计的内容及二次回路的构成能够满足生产运行及规范要求，智能变电站在进场前同样需要进行图样审查的工作，与传统变电站的图样审查相比有以下不同：

（1）首先需确定智能变电站各二次设备的版本及模型，应与设计提供虚端子中的设备版本及模型保持一致，如不一致可能导致各智能设备的虚端子排列顺序及其属性与设计院提供的虚端子不对应，将无法按照虚端子进行 SCD 文件集成。

（2）根据设计规范及生产要求审查设计院提供的虚端子表。确保虚端子接线无误连、少连或多连，此项工作相当于传统变电站的端子排图二次接线审查。

1.3.2 二次回路检查

二次回路的正确与否关系到二次设备功能能否正常实现。所以传统变电站在调试过程中利用导通法对构成二次系统的所有二次回路的唯一性和正确性进行仔细检查。智能变电站在一次设备和过程层设备之间还保留了传统的二次回路，同样需要用导通法进行逐一检查。智能变电站区别传统变电站的地方在于过程层与间隔层之间的二次系统由过程层网络的虚回路构成，两层的智能设备间由光纤链路构成物理连接，不同变电站二次回路检查的区别如图 1.3 所示。

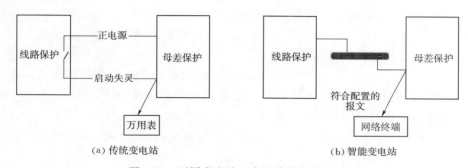

（a）传统变电站　　　　　　　　　　（b）智能变电站

图 1.3　不同变电站二次回路检查的区别

智能变电站二次回路检查增加的调试内容如下：

（1）将审查并经设计人员修正后的虚端子表发给集成商集成初版 SCD 文件。利用 SCD 解析软件离线审查该 SCD 文件。审查的依据为设计院提供的虚端子表，对照虚端子表逐条核对。此项工作与传统变电站二次电缆查线类似，重点检查各装置的开入开出及接入各设备的对应属性的正确性。发现错误及时记录整理并通知集成商修正，修正后调试人员再复核。经过几轮修正后最终形成调试用 SCD 文件，保证了虚回路的完整性及正确性。

（2）光纤链路检查、光功率测试及光介质衰耗测试。由于各智能设备之间的通信均由光缆、尾缆和光纤跳线组成。所以需用激光笔对每一条光纤链路进行检查，确保链路通畅及收发正常。同时还应测试各个光口的收发光功率并计算每条光介质的衰耗。

1.3.3 二次设备单体试验

与传统变电站的二次设备单体调试相比，智能变电站除了定值校验、绝缘检查、继电器校验及常规逻辑检查等项目之外还增加了以下调试项目：

（1）由于智能变电站保护采样采用双 AD 冗余配置，需进行双 AD 采样通道检查。将调试 SCD 文件导入调试仪，利用调试仪将主、复采关联不同的通道，检验双 AD 虚端子连线的唯一性；然后在双 AD 采样不一致的情况下检查保护装置是否有自动判别及闭锁功能。

（2）开入虚回路测试。利用测试仪的开出关联二次设备的开入，逐一进行虚开入的唯一性检测。GOOSE 开入如经软压板控制接收，则通过投退压板来检验压板唯一性及对应关系。

（3）开出虚回路测试。将二次设备的开出映射到测试仪的开入，利用状态序列模拟不同的状态测试智能设备开出的正确性，同时通过投退 GOOSE 出口压板，验证出口压板的对应关系。也可利用装置的开出传动逐一检查开出的正确性及出口软压板的对应关系。

（4）MU 接收压板误退逻辑检查。有流/压情况下退出相应的 MU 接收压板，检查保护的动作行为，看装置采样是否清零或实时更新，保护逻辑应闭锁相应的保护，即退电压 MU 接收压板时同 TA 断线处理，退电流 MU 接收压板时退出电流保护，差动保护在差流平衡时退出某一侧 MU 接收软压板应有防止误动的功能。

（5）虚开入无效逻辑检查。检查断路器位置开入（双点遥信）"00"无效位时智能设备对无效开入的处理机制，是否应保持上一态或开入清零。此项调试目的为模拟智能终端遥信电源断电时各相关智能设备的响应逻辑。

（6）SV 品质位无效时逻辑检查。利用调试仪将 SV 品质设置为无效，然后检查接收装置的响应，且不以装置显示为判断结果，应模拟不同的状态测试 SV 品质位无效时装置是否自动闭锁。

（7）MU 准确度调试。利用测试仪测试 MU 输出各个采样通道的精度，记录相角及变比误差。值得注意的是在测试级联电压的准确度时，应从电压 MU 加电压，在间隔 MU 测试接收侧准确度及延时是否合格。

（8）MU 逻辑检查。包括间隔 MU 的电压切换逻辑测试及母线 MU 的电压并列逻辑测试。

（9）智能终端逻辑测试。包括手跳、永跳和压力低闭锁重合闸逻辑；直连及组网 GOOSE 报文接收光口区分。

（10）智能终端虚回路测试。检查智能终端接收一次设备信号后输出虚遥信的正确性；检查智能终端接收 GOOSE 报文后输出硬接点的正确性。

（11）网络性能测试。包括交换机性能测试、网络风暴测试等。

智能变电站同传统变电站一样需要分别模拟各种运行及故障状态，测试二次设备的动作行为，同时结合传动来验证出口软、硬压板的唯一性及正确性。除此之外智能变电站还应进行如下项目调试：

（1）进行二次通流通压试验来测试某一间隔采样的同步性。同时从母线 MU 和间隔 MU 前端输入电压和电流，在各个接收装置处检测电流、电压的幅值及角度，以检测相关装置采样数据的正确性。

（2）测试从不同 MU 同时采集数据的母差保护、主变保护及 3/2 接线保护等二次设备采样的同步性。应同时从各相关 MU 前端输入电压和电流来检查各二次设备的采样，确保不同 MU 采样数据的同步。

第2章 智能变电站构成

2.1 典型结构

智能变电站结构上可以分为过程层设备、间隔层设备、站控层设备、站控层网络和过程层网络。从功能实现上看，智能变电站二次设备分为过程层和站控层，如图 2.1 所示，过

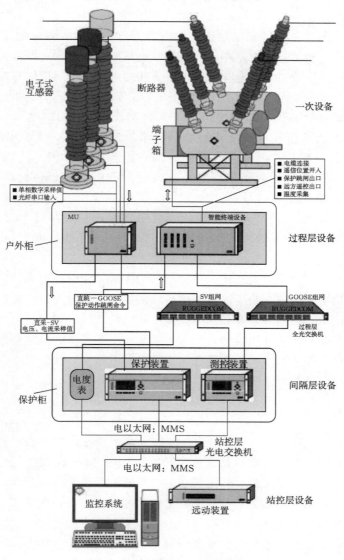

图 2.1 智能变电站典型结构

程层主要面向一次设备，完成保护、控制等功能，主要包括过程层设备、过程层网络以及间隔层保护测控等设备面向一次设备的功能部分；站控层主要面向运行、工程师人员，完成变电站监控及一些高级应用；其中过程层设备为直接与一次设备连接的最底层的二次设备。

在变电站层和间隔层之间的网络采用抽象通信服务接口映射到制造报文规范（MMS）、传输控制协议/网际协议（TCP/IP）以太网或光纤网。在间隔层和过程层之间的网络采用单点向多点的单向传输以太网。变电站内的智能电子设备（IED）、测控单元和继电保护均采用统一的协议，通过网络进行信息交换。

2.2 过程层设备

智能变电站必须首先满足变电站正常运行的要求，电网故障时能正确切除和隔离故障，保证电网安全。与常规变电站相比，智能变电站增加了过程层网络及设备，用于实现信息的共享以及间隔层设备与智能化一次设备之间的连接，从对应的角度看，智能变电站过程层相当于常规变电站的二次电缆组成的回路，各智能设备之间的信息通过报文来交换，信息回路主要包括采样值回路、GOOSE 断路器量输入输出回路等。

一次设备智能化是过程层智能化的基础。常见的智能化一次设备有：电子式互感器，实现采样值的数字化、共享化；智能终端，即智能操作箱，实现断路器、隔离断路器开入开出命令和信号的数字化以及一次设备的故障诊断。一次设备信息实现数字化为信息的共享提供了条件，总线传输为信息的共享提供了方式。过程层网络主要传输智能化一次设备的数字信号，与电缆传输模拟信号相比，其抗干扰能力增强，信息共享方便，在工程上仅需几根光缆就可实现和控制室的连接，大大简化了传统大量电缆的连接方式。

智能变电站过程层是变电站正确、可靠运行的保障，实时性要求非常高，因此过程层信息的传输要求准确、可靠、快速。过程层传输的信息主要分为以下两种：

（1）周期性的采样值信号，该信息需要保证传输的实时、快速。

（2）由事件驱动的开入开出信号，如分布式系统下各设备间跳闸命令、控制命令、状态信息、互锁信息的相互交换和智能设备状态信息的发布等，该信息不仅对数据传输实时性要求高，同时对可靠性要求也高。

2.2.1 MU

2.2.1.1 MU 概述

随着电子式互感器在智能变电站的应用和推广，变电站二次电压/电流回路发生了本质的改变。电子式互感器的实现、远端模块的二次输出并没有统一的规定，各厂家使用的原理、介质系数、对二次输出光信号含义也都不尽相同，因此，电子式互感器输出的光信号需要同步、系数转换等处理后才能输出统一的数据格式供变电站二次设备使用。由此，IEC 标准定义了电子式互感器接口的重要组成部分——MU，并严格规范了它与保护、测控等二次设备之间的接口方式。

MU 的主要功能是采集多路电子式互感器的光数字信号，并组合成同一时间断面的电流、电压数据，最终按照标准规定以统一的数据格式输出至过程层总线，MU 系统架构如图 2.2 所示。MU 与电子式互感器之间的数字量采用串行数据传输，可以采用异步方式传输，也可以采用同步方式传输，而传输介质一般采用光纤。

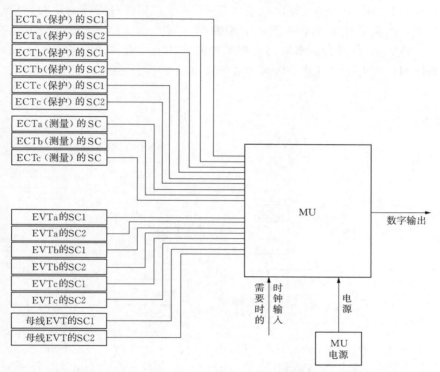

图 2.2　MU 系统架构示意图（通道布局根据实际工程应用而决定，可能有其他通道布局）
EVTa、EVTb、EVTc 的 SC1—a、b、c 相电子式 TV 二次转换器的 AD1；EVTa、EVTb、
EVTc 的 SC2—a、b、c 相电子式 TV 二次转换器的 AD2；ECTa、ECTb、ECTc 的 SC1—a、
b、c 相电子式 TA 二次转换器的 AD1；ECTa、ECTb、ECTc 的 SC2—a、b、c 相电子式
TA 二次转换器的 AD2

在低电压等级的一些特殊应用情况下，MU 除了组合各电流和电压外，还可能同时组合了相应的断路器设备状态量和控制量。

2.2.1.2　MU 数据接口

按照《继电保护和安全自动装置技术规程》（GB 14285—2006）要求"除出口继电器外，装置内的任一元件损坏时，装置不应误动作跳闸"，《智能变电站继电保护技术规范》（Q/GDW 441—2010）中要求 220kV 以上保护、MU 双重化配置，每套电子式 TA、TV 内至少应配置 1 个传感元件，由两路独立的采样系统进行采集。

（1）对于只具备一个传感元件的电子式 TA，每个传感元件必须对应两路独立的采样系统进行采集（双 A/D 系统），两路采样系统形成三组电流数据（保护用 AD1、AD2 以及测量用数据），通过同一通道输入到 MU，而 MU 将双 A/D 的三组采样数据输出为三组数字采样值，由同一路通道输入保护、测控等二次设备。

（2）对于不具备双 A/D 系统设计的电子式 TA，应具备两个传感元件，每个传感元件对应一个独立的采样系统，一个电子式电流互感器具备两路独立的采样系统，两路采样系统形成三组电流数据，通过同一通道输入到 MU，而 MU 将双路采样系统的数据输出为三组数字采样值，由同一路通道输入保护、测控等二次设备。

（3）对于只具备一个传感元件的电子式 TV，每个传感元件必须对应两路独立的采样系统进行采集，两路采样系统形成两组电压数据（AD1 和 AD2），通过同一通道输入到 MU，而 MU 将双 A/D 采样数据输出为两组数字采样值，由同一路通道输入保护、测控等二次设备。MU 与电子式互感器之间的数据接口如图 2.3～图 2.5 所示。

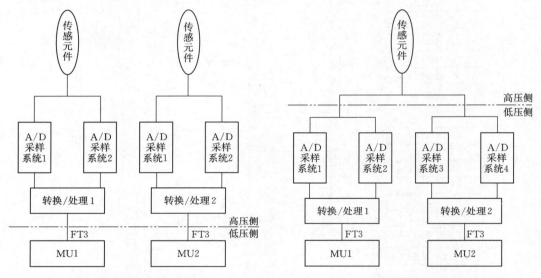

图 2.3　罗氏线圈型电子式 TA 接口　　　　图 2.4　分压式电子式 TV 接口

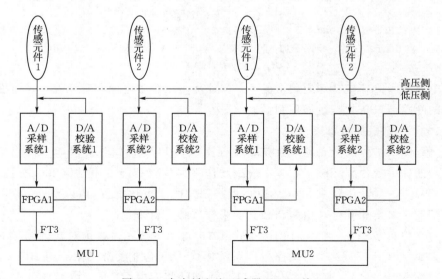

图 2.5　全光纤电流互感器 FOCT 接口

用于双重化保护的电子式互感器，其两个采样系统应由不同的电源供电并与相应保护装置使用同一组直流电源。

MU 应能同时支持《互感器 第 8 部分：电子式电流互感器》（GB 20840.8—2007）的 FT3 格式输出和 IEC 61850-9-2 规约输出，在具体工程应用时应能灵活配置。无论采用哪种规约输出，MU 都应支持数据帧通道可配置的功能。

MU 对电子式互感器送出的采样数据应能进行同步性、有效性等品质判别，并通过 MU 输出数据的标志告知保护、测控等二次设备，以保证采样数据被有效使用。采样数据的品质位应实时反映自检状态，不应附加任何延时或展宽。

2.2.1.3　MU 的技术要求

每个 MU 应能满足最多 12 个电子式互感器通道输入，并对这些通道的输出数据进行有效处理。考虑到高电压等级应用中必须保证保护装置采样数据的快速性和可靠性，MU 应采用点对点传输方式将采样值输入到保护装置，因此，MU 至少具备 8 个输出端口。MU 统一格式的数据输出应既能支持点对点传输方式，也能支持组网传输方式，以满足保护快速性、可靠性的要求，同时也满足监控、计量系统的数据共享的要求。

考虑到保护的可靠性，《智能变电站继电保护技术规范》（Q/GDW 441—2010）中要求 220kV 及以上的保护不依赖于外部时钟，保护装置通过插值计算实现采样值的同步，这就要求保护装置接收的采样值数据实时性要高，且要等间隔，考虑到采样值通过交换机传输具有一定的延时，且延时具有不确定性，MU 应支持点对点输出功能，而且 MU 发送采样值的间隔离散度尽量小，保证采样值的等间隔性，《智能变电站继电保护技术规范》（Q/GDW 441—2010）中指出，这一离散值应小于 $10\mu s$。因此，MU 通过光纤点对点直接将采样数据相对稳定地传输至保护装置。

由于实现原理不同，电子式互感器传变一次电流/电压的延时不同，且各厂家对于数据的处理方法也不相同，由此导致不同电子式互感器从一次电流/电压到 MU 二次输出的延时各不相同，这将给保护装置的插值同步带来很大的误差，为此，MU 必须计算出采样值从电子式互感器一次输入到其处理输出至保护装置的整个过程的时间，并以额定延时的选项通过采样值的一个数据通道传输给保护装置。保护装置通过额定延时将采样值还原到其一次侧的真实时刻，以实现不同间隔间采样值的同步。

考虑到不同的应用，MU 应能支持多种采样频率的采样数据输出，用于保护、测控的输出接口采样频率宜为 4000Hz，用于电能质量、行波测距等应用中的采样率宜为 12800Hz 或更高。

若电子式互感器由 MU 提供电源，MU 应具备对激光器和取能回路的监视能力。

2.2.2　智能终端

2.2.2.1　概述

智能变电站的显著特点就是一次设备智能化，即要实现断路器的智能化。智能断路器的实现方式有两种：一种是直接将智能控制模块内嵌在断路器中，智能断路器是一个不可分割的整体，可直接提供网络通信的能力；另一种是将智能控制模块形成一个独立装置——智能操作箱，安装在传统断路器附近，实现现有断路器的智能化。目前，后者比较容易实现，国内智能变电站建设基本采用"常规断路器＋智能终端"的方案。常规断路器等一次设备通过附加智能组件实现智能化，使断路器等一次设备不但可以根据运行的实际情况进行操作上的智能控制，同时还可根据状态检测和故障诊断的结果进行状态检修。

在传统断路器旁边安装智能终端，该装置负责采集与断路器、隔离开关、接地开关相关的开入信号，并负责控制断路器、隔离开关、接地开关的操作。通过智能终端完成了对一个间隔内相关一次设备的就地数字化。智能终端作为过程层的一部分，为非智能的一次设备提供了外挂的智能终端。过程层的智能终端通过光纤与间隔层的保护、控制装置通信，将开入信息上传，并接收间隔层设备的控制命令。通过智能终端，完全取消了间隔层与过程层之间的电缆。这也是目前国内一些厂家在现有一次设备条件下推荐的智能变电站方案。

智能终端与间隔层设备之间主要传输一次设备的数字信号，与模拟信号相比，其抗干扰能力更强，信息共享方便，在工程上仅需几根光缆就可实现和主控室连接，大大简化了传统的电缆的连接方式。

2.2.2.2 智能终端要求

智能终端装置是将传统一次设备接入过程层总线的设备，具有如下基本功能：

（1）接收保护跳/合闸命令、测控的手合/手分断路器命令及控制隔离开关、接地开关等 GOOSE 命令；输入断路器位置、隔离开关及接地开关位置、断路器本体信号（含压力低闭锁重合闸等）；跳合闸自保持功能；控制回路断线监视、跳/合闸压力监视与闭锁功能等。

（2）智能终端具备三跳硬接点输入接口，为保护提供可灵活配置的点对点接口（最大考虑 10 个）、GOOSE 网络接口。

（3）至少提供两组分相跳闸接点和一组合闸接点，具备对时功能。

（4）智能终端至少具备 2 个独立的 GOOSE 接口；对于采用直跳方式的智能终端应至少具备 3 个独立的 GOOSE 接口；GOOSE 接口应能独立配置接收/发送 GOOSE 控制块。

（5）智能终端应能对跳/合闸命令进行可靠校验，防止误动作。

（6）智能终端从接收命令到继电器出口时间应不大于 7ms。

（7）智能终端具备跳/合闸命令输出的监测功能，当智能终端接收到跳闸命令后，应通过 GOOSE 网发出收到跳令的报文。

（8）智能终端应设置检修状态硬压板、保护跳/合闸出口硬压板、测控分/合命令出口硬压板，不设置软压板。

（9）智能终端应具备对时功能，事件报文记录功能；对时精度误差应不大于 1ms；智能终端的 SOE 分辨率应不大于 2ms。

（10）智能终端面板应具有明显的装置运行指示灯、动作指示灯及重要告警信号指示灯。

（11）智能终端应能在 -10～60℃ 温度范围内及恶劣的电磁干扰环境下长期可靠运行，正确动作。

（12）智能终端具备故障自检和告警的功能，并具备事件记录功能；智能终端采用GOOSE 信号通过测控装置告警；必要时，智能终端可设置 MMS 接口直接向站控层告警。

（13）智能终端不配置液晶显示屏，但具备（断路器位置）指示灯位置显示和告警；GOOSE 口数量满足点对点跳闸方式和网络跳闸方式的要求。

（14）智能终端不设置防跳功能，防跳功能由断路器本体实现。

（15）主变本体智能终端应采集非电量、中性点隔离开关位置、挡位等信号，并输出挡位控制、中性点隔离开关控制和风扇控制等信号。

（16）智能终端配置单工作电源。

智能终端装置应能满足断路器现场使用要求，应能满足保护设备关于电磁兼容性、绝缘性能、机械振动方面的要求，具有光纤以太网接口，支持 IEC 61850 协议，能够与间隔层设备进行实时数据传输。

智能控制装置相对传统操作箱而言，利用以太网发送跳闸、合闸、闭锁命令（执行器），将其安装在断路器附近，可实现用过程总线对断路器进行控制。扩展故障检测功能，即状态监测、分析诊断和故障预测，通过增加相应的温度、压力等传感器，将装置的当前状态传到控制器，然后根据设定的判据进行故障诊断和处理。

设备间状态信息和互锁信息的交换属于异步对等以及点对多点通信模式，采用 TCP/IP 协议是无法有效实现的，必须采用网络组播的 GOOSE 方式发送。

2.2.3 过程层交换机

2.2.3.1 概述

网络交换机的大量使用是智能变电站的主要特征，常规的变电站只有自动化系统有一些网络交换机，在智能变电站中，除了站控层有用于交换四遥信息的网络交换机外，还配置有大量的过程层网络交换机，因此在智能变电站中，网络交换机的重要性不言而喻。

智能变电站过程层采用面向间隔的广播域划分方法提高 GOOSE 报文传输的实时性、可靠性，通过交换机 VLAN 配置，同一台过程层交换机面向不同的间隔划分为多个不同的虚拟局域网，以最大限度地减少网络流量并缩小网络的广播域。同时过程层交换机静态配置其端口的多播过滤以减少智能电子设备 CPU 资源的不必要占用，保证过程层信息传输的快速性。

过程层交换机的传输优先级机制的设置还可以确保过程层重要信息的实时性和可靠性。上述这些配置在变电站自动化系统扩建或交换机故障更换时必然要修改或重新设置，将带来通信网络的安全风险。

为规避风险，智能化变电站的通信网络管理不仅要满足信息网络设备管理要求，而且要与继电保护同等重要地对待，将交换机的 VLAN 及其所属端口、多播地址端口列表、优先规则描述和优先级映射表等配置作为定值来管理。便于在系统扩建、交换机更换后，维持网络系统的安全稳定。

2.2.3.2 过程层交换机要求

过程层 GOOSE 跳闸用交换机应采用 100M 及以上的工业光纤交换机；以上工业交换机均基于以太网，并满足《电磁兼容》（GB 17626—2006）的规定，过程层 GOOSE 跳闸用交换机宜通过认证。

工业交换机应具备如下功能：

（1）支持 IEEE 802.3× 全双工以太网协议。

（2）支持服务质量 Quality of Service（QoS）IEEE 802.1p 优先级排队协议。

（3）支持虚拟局域网 VLAN（802.1q）以及支持交叠（overlapping）技术。

（4）支持 IEEE 802.1w RSTP（快速生成树协议）。

（5）支持基于端口的网络访问控制（802.1×）。

（6）支持组播过滤、报文时序控制、端口速率限制和广播风暴限制。

（7）支持 SNTP 时钟同步。

（8）支持光纤口链路故障管理。

（9）网络交换设备采用冗余的直流供电方式，20％额定工作电压波动范围内均可正常工作，并能实现无缝的切换。

（10）无风扇设计。

（11）光功率传输距离大于 50km，网络交换机可靠性大于 99.999％，MTBF 无故障时间在 50 年以上。

2.3 间隔层设备

间隔层一般按断路器间隔划分，具有测量、控制元件和继电保护元件。测量、控制元件负责该间隔的测量、监视、断路器的操作控制和联闭锁，以及时间顺序记录等，保护元件负责该间隔线路、变压器等设备的保护、故障记录等。因此，间隔层由各种不同间隔的装置组成，这些装置直接通过局域网或者串行总线与变电站层联系；也可设有数据管理机或保护管理机，分别管理各测量、监视元件和各保护元件，然后集中由数据管理机和保护管理机与变电站层通信。间隔层的主要功能如下：

（1）汇总本间隔过程层实时数据信息。

（2）实施对一次设备的保护控制功能。

（3）实施本间隔操作闭锁功能。

（4）实施操作同期及其他控制功能。

（5）对数据采集、统计运算及控制命令的发出具有优先级别控制。

（6）执行数据的承上启下通信传输功能，同时高速完成与过程层及站控层的网络通信功能，上下网络接口具备双口全双工方式以提高信息通道的冗余度，保证网络通信的可靠性。

2.3.1 智能保护测控装置

常规变电站中，模拟量采集由二次保护、测控等设备自身完成，相同的模拟量会被不同的设备同时采集，造成了采集的重复性。随着电子式互感器的使用，模拟量采集功能被独立出来，并下放到过程层，电子式互感器采集可以通过光纤网络为不同的设备提供统一的电气量。智能变电站的保护测控装置就可以略去模拟量采集的TA/TV部分，设备结构得到简化，而且与一次系统有效隔离，安全性、可靠性得到提高。

同时，智能断路器的应用使变电站内分/合闸、闭锁、断路器位置等重要信息的传递由常规的硬接点方式变为网络通信方式，因而智能保护测控装置不再需要状态量端子和中间继电器，硬件结构得到进一步简化，也可省略复杂的二次电缆接线。

IEC 61850标准设计了一套统一的变电站通信体系，建议采用以太网作为站内通信系统，设备之间要加强信息交互，实现资源共享。智能变电站中，IED设备间采用对等模式通信，同一个IED既可以是服务器向其他IED提供信息，也可作为客户机请求其他IED的数据。

智能保护测控装置既要与站控层的监控主机通信，又要与过程层的智能设备交互数据，同时还要与间隔层内的设备实现信息交互，这就需要智能保护测控装置具有强大的通信功能。

智能保护测控设备的输入输出发生了较大的变化，其接收来自MU的SV采样值信号及智能终端的断路器开关量信号，经过判别后，其执行结果又通过GOOSE信号送到智能终端完成保护测控的功能，但与常规保护测控的功能类似。

智能保护测控装置应支持IEC 61850协议，与变电站层、过程层设备进行通信。智能保护测控装置面向站控层应提供双网通信接口，分别接入站控层的A网、B网；面向过程层应提供两个独立的SV采样值接口和两个独立的GOOSE接口，对于GOOSE接口应既能支持点对点方式也支持组网方式。对于保护功能，应尽量不依赖于网络交换机。

在站控层设备失效的情况下，智能保护测控装置应仍能独立完成本间隔一次设备的保护和就地监控功能。

2.3.2　220kV间隔层设备典型配置

2.3.2.1　220kV线路保护

以1个220kV线路间隔为例，配置2套包含有完整的主、后备保护功能的线路保护装置，各自独立组屏。MU、智能终端采用双套配置，保护采用安装在线路上的电子式TV或组合式电子式TA、TV获得电压、电流。若采用保护测控一体化装置，则不需要配置独立的测控装置，若保护、测控采用独立的装置，则每回线路单独配置1套测控装置。

线路间隔内采用保护装置与智能终端之间的点对点直接跳闸方式，保护点对点直接采样。跨间隔信息（启动母线保护失灵功能和母线保护动作远跳功能等）采用GOOSE网络传输方式，测控装置的GOOSE也采用网络方式传输。测控、计量装置的采样值SV对于实时性要求不高，也可采用组网方式传输。

220kV线路保护配置如图2.6所示。

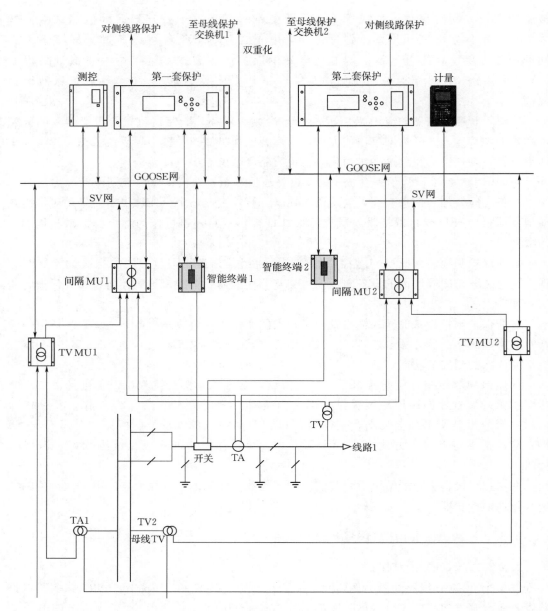

图 2.6　220kV 线路保护配置示意图

间隔 MU 和母线 TV MU 也接入 GOOSE 网，接收 GOOSE 信息，以实现母线电压的切换和电压并列功能。

2.3.2.2　220kV 母线保护

母线保护按双重化进行配置，每套保护独立组屏。

母线保护对采样值 SV 的实时性要求非常高，采用点对点的传输方式。母线保护跳闸对应母线上的所有间隔，包括线路、主变、母联，采用 GOOSE 直跳方式。母线保护的开入量（失灵启动、隔离开关位置接点、母联断路器过流保护启动失灵、主变保护动作解除电压闭锁等）及闭锁线路重合闸等 GOOSE 信息采用网络方式传输。

220kV 单套母线保护 GOOSE 配置如图 2.7 所示，另一套母线保护与图中第一套母线保护完全一致。

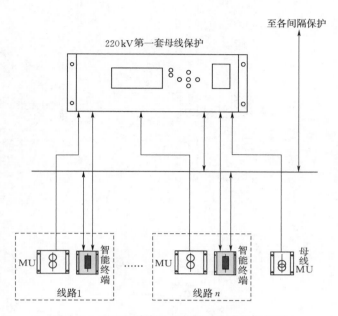

图 2.7　220kV 单套母线保护 GOOSE 配置图

母线保护可设置独立 GOOSE 网络交换机，用于接入各分支间隔的保护测控装置和智能终端的信息。每套母线保护装置采样数据接口数量应满足变电站远景规划的要求，对于间隔较多的变电站，可采用分布式母线保护实现采样值的分布式计算。

2.3.2.3　220kV 主变保护

主变保护按双重化进行配置，包含各侧 MU、智能终端均应采用双套配置。主变各侧采样值 SV 采用点对点直采的方式。主变跳各侧断路器用直跳方式，其余 GOOSE 信号以及主变与母联智能终端之间的 GOOSE 采用网络方式传输，为了使主变各侧的网络相互独立，可组建高、中、低三个 GOOSE 网络。

非电量保护就地安装，有关非电量保护时延均在就地实现，采用电缆直接跳闸，现场配置智能终端上传非电量动作报文和调挡及接地隔离开关控制信息。

主变保护间隔配置及技术实施方案如图 2.8 和图 2.9 所示。

2.3.2.4　220kV 母联（分段）保护

220kV 母联（分段）保护间隔配置与 220kV 线路保护配置类似，如图 2.10 所示。

2.3.2.5　典型配置特点

1. 网络安全可靠性高

点对点传输模式任意网络故障只影响最少连接设备，具有较高的安全性和可靠性；最大限度地避免了对交换机的依赖，避免了网络风暴的问题；网络复杂程度大大降低。

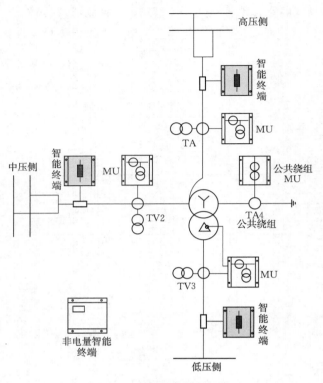

图 2.8　主变保护间隔配置

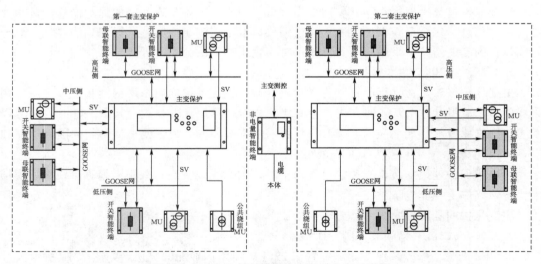

图 2.9　220kV 主变保护技术实施方案示意图

2. 保护可靠性高、速动性好

保护"直采直跳"方案所依赖的网络交换机最少,且母线保护、主变保护网络之间相互独立,可避免网络所带来的问题;间隔内不组网,采用直跳的方式,提高了本间隔直跳的可靠性,避免了交换机级联带来的延时问题,网络延时对速动性的影响最小。

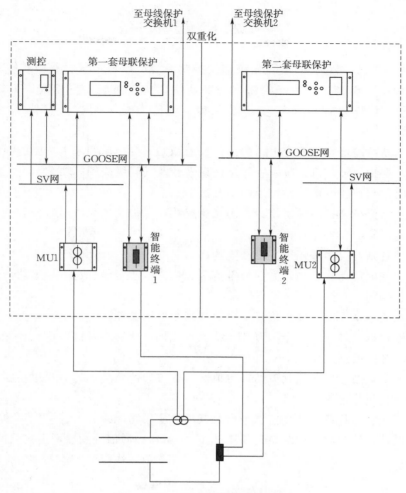

图 2.10　220kV 母联保护间隔配置

　　采样值点对点方案也保证了保护在失去统一对时时钟的情况下也能保证保护的可靠运行，防止保护误动和拒动情况的发生。

3．运行检修方便

　　任何一个设备的检修或故障，不影响其他设备的正常运行；设备隔离安全措施方便，检修维护方便。

4．运行和检修人员适应快

　　由于变电站设计理念与常规变电站有很多相通之处，网络复杂程度较常规变电站相似，系统配置工作量较低，技术难度大大降低，运行和检修人员比较容易适应数字化带来的工作方式变化，减少了出错的可能性。

5．降低变电站建设成本

　　该方案降低了高性能网络交换机的高昂成本，虽然单体装置网口增加可能导致硬件成本的增加，但综合来看该方案整体设备投资成本低于目前一些全数字化组网方案。

2.4 站控层设备

智能变电站站控层包括自动化站级监视控制系统、站域控制、通信系统、对时系统等，实现面向全站设备的监视、控制、告警及信息交互功能，完成数据采集和监视控制（SCADA）、操作闭锁以及同步相量采集、电能质量采集、保护信息管理等相关功能。

智能变电站站控层在完成变电站的遥信、遥测、遥控、遥调基本功能的同时，应具备程序化操作、保护故障信息系统、一体化信息平台及其高级应用等功能。

常规变电站与智能变电站站控层的主要区别如下：

（1）常规站保护装置站控层规约多为私有规约，保护装置无法与监控后台通信，保护装置只能和同厂家的保护管理机通信。

（2）常规站站控层多采用 IEC 103 规约。

（3）常规变电站无法实现远方切换定值区、远方修改定值、远方投退功能软压板，无法实现程序化控制。

（4）常规变电站没有一体化信息平台及其高级应用功能。

（5）智能变电站站控层基于 IEC 61850 统一建模，能够实现监控后台、保护信息子站与间隔层设备之间的互操作。

（6）智能变电站可以实现远方切换定值区、远方修改定值、远方投退功能软压板的功能，可以实现程序化控制。

（7）智能变电站具备一体化信息平台及其高级应用功能。

智能变电站站控层典型网络结构如图 2.11 所示，在通信规约层面上主要使用特定通

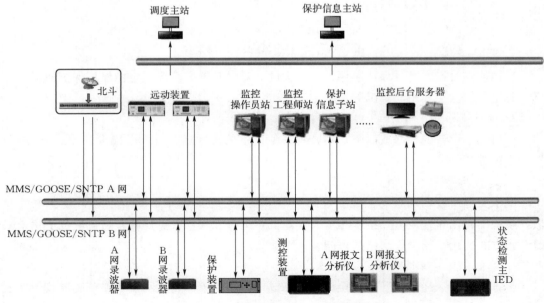

图 2.11　智能变电站站控层典型网络结构

信服务映射对 MMS 的映射，使用《工业自动化系统制造报文规范》（GB 16720—2005）作为实现在《电力自动化通信网络和系统　第 7 - 2 部分：基本信息和通信结构　抽象通信服务接口（ACSI）》（DL/T 860.72—2013）、《电力自动化通信网络和系统　第 7 - 3 部分：基本通信结构　公用数据类》（DL/T 860.73—2013）和《电力自动化通信网络和系统　第 7 - 4 部分：基本通信结构　兼容逻辑节点类和数据类》（DL/T 860.74—2014）中规定的服务、对象和算法的机制和规则。该协议实现了从 ACSI 到 MMS 的映射，规定了使用 MMS 的概念、对象和服务，实现 ACSI 的概念、对象和服务。该映射使得不同生产厂商实现功能之间的互操作。

站控层包括监控主机、微机五防工作站、远动通信机、打印机、保护信息管理装置、时钟同步装置等。站控层设现场总线或局域网，实现各主机之间、监控主机与间隔层之间的信息交换。站控层的主要任务如下：

（1）通过两级高速网络汇总全站的实时数据信息，不断刷新实时数据库，按时登录历史数据库。

（2）将有关数据信息送往电网调度或控制中心。

（3）接受电网调度或控制中心有关控制命令并转间隔层、过程层执行。

（4）具有在线可编程的全站操作闭锁控制功能。

（5）具有（或备有）站内当地监控、人机联系功能，显示、操作、打印、告警等功能以及图像、声音等多媒体功能。

（6）具有对间隔层、过程层设备在线维护、在线组态、在线修改参数的功能。

站控层的数字化（采用 IEC 61850）技术已经基本成熟，应充分利用 IEC 61850 的特有优势，建立统一模型和配置文件规范，有利于全站信息化，实现 GOOSE 联闭锁和实现程序化操作，在保证安全性的前提下，大大提高工作效率，为智能变电站监控一体化创造条件。

后台监控系统调试工作主要包括定值召唤、软压板投切、断路器控制等操作，可以实现后台对保护装置的远方控制。定值召唤可将保护定值召至后台监控系统，实现定值的在线召唤；软压板投切实现远方投退软压板的功能；断路器控制实现断路器的远方分合。

保护子站后台调试工作主要包括调阅事故简报、调阅录波文件、日志功能。

第3章 智能变电站调试工作基础

3.1 调 试 相 关 规 程

3.1.1 IEC 61850 概述

近年来，随着嵌入式计算机与以太网通信技术的飞跃发展，智能电子设备之间的通信能力大大加强，保护、控制、测量、数据功能逐渐趋于一体化，形成庞大的分布式电力通信交互系统，电力系统正逐步向电力信息系统方向发展。以往，几乎所有的设备生产商都具有一套自己的通信规约，通常一个传统变电站可能有南瑞、许继、四方等多个厂商的协议同时在使用，整个电网里运行的规约甚至多达上百种。而各大设备商出于商业利益，对自己的通信协议一般都采取保密措施，进一步加大了系统集成的困难程度，客户在进行设备采购时也受限于设备生产商，系统集成成本大为提高。一个变电站需要使用不同厂家的产品，必须进行规约转换，这需要大量的信息管理，包括模型的定义、合法性验证、解释和使用等，这些都非常耗时而且代价昂贵，对电网的安全稳定运行存在不利影响。

为此，作为全球统一的变电站通信标准 IEC 61850 受到了积极的关注，其主要目标是实现设备间的互操作，实现变电站自动化系统无缝集成，该标准是今后电力系统无缝通信体系的基础。所谓互操作是指一种能力，使得分布的控制系统设备间能即插即用、自动互联，实现通信双方理解相互传达与接收到的逻辑信息命令，并根据信息正确响应、触发动作、协调工作，从而完成一个共同的目标。互操作的本质是如何解决计算机异构信息系统集成问题，因此，IEC 61850 标准采用了面向对象思想建立逻辑模型、基于 XML 技术的变电站配置描述语言 SCL、将 ACSI 映射到 MMS 协议、基于 ASN.1 编码的以太网报文等计算机异构信息集成技术。

与传统的 IEC 60870-5-103 标准相比，IEC 61850 标准不是一个单纯的通信规约，而是个面向变电站自动化系统性的标准，它指导了变电站自动化的设计、开发、工程、维护等各个领域。IEC 61850 标准共分为 10 个部分，其中第 1～第 5 部分为简单概述、术语、总体要求、系统项目管理、通信性能评估等方面的内容；第 6～第 9 部分为通信标准核心内容；第 10 部分为 IEC 61850 规约一致性测试内容。对于工程技术人员建议重点掌握第 6～第 9 部分。《变电站通信网络和系统》（DL/T 860）等同样采用了 IEC 61850 标准。

3.1.2 智能变电站调试规范

3.1.2.1 《智能变电站调试规范》（Q/GDW 689—2012）

《智能变电站调试规范》（Q/GDW 689—2012）在总结智能变电站技术研究的基础上，吸收试点工程的成果和经验，结合标准化建设成果和全寿命周期管理的要求编制而成。

《智能变电站调试规范》（Q/GDW 689—2012）提出了智能变电站调试流程和调试的具体方法与要求，包括计算机监控系统、继电保护设备、故障录波器、变压器与开关设备及其状态监测、电子式互感器等智能电子设备或系统的输入、输出信息的正确性等。

1. 适用范围

（1）智能变电站的调试流程、内容和要求。

（2）适用于110（66）～750kV 电压等级智能变电站基建调试。

2. 规范性引用文件

《智能变电站调试规范》（Q/GDW 689—2012）应用基于下列文件。

（1）《自动化仪表工程施工及质量验收规范》（GB 50093—2013）。

（2）《电气装置安装工程　电气设备交接试验标准》（GB 50150—2016）。

（3）《电工术语　互感器》（GB/T 2900.94—2015）。

（4）《电工术语　变压器、调压器和电抗器》（GB/T 2900.95—2015）。

（5）《电工术语　发电、输电及配电　通用术语》（GB/T 2900.50—2008）。

（6）《电工术语　发电、输电和配电　运行》（GB/T 2900.57—2008）。

（7）《互感器　第 7 部分：电子式电压互感器》（GB/T 20840.7—2007）。

（8）《互感器　第 8 部分：电子式电流互感器》（GB/T 20840.8—2007）。

（9）《110kV 及以上送变电工程启动及竣工验收规程》（DL/T 782—2001）。

（10）《变电站通信网络和系统》（DL/T 860）。

（11）《继电保护和电网安全自动装置检验规程》（DL/T 995—2016）。

（12）《测量用电流互感器》（JJG 313—2010）。

（13）《测量用电压互感器》（JJG 314—2010）。

（14）《智能变电站技术导则》（Q/GDW 383—2009）。

（15）《330～750kV 智能变电站设计规范》（Q/GDW 394—2009）。

（16）《IEC 61850 工程继电保护应用模型》（Q/GDW 396—2012）。

（17）《智能变电站自动化系统现场调试导则》（Q/GDW 431—2010）。

（18）《智能变电站继电保护技术规范》（Q/GDW 441—2010）。

3.1.2.2　智能变电站二次系统标准现场调试规范

为规范智能变电站建设、改造现场的二次系统调试工作流程，提高现场调试工作的专业性、标准化和可操作性，利于调试安全、工程验收和运维交接，《智能变电站二次系统标准现场调试规范》（Q/GDW 11145—2014）于 2014 年 12 月 31 日发布。

《智能变电站二次系统标准现场调试规范》（Q/GDW 11145—2014）面向智能变电站现场调试过程控制，根据智能变电站技术要求与调试管理需要，规范调试流程、管理作业节点、控制工作质量、满足技术指标要求。

适用范围如下：

（1）智能变电站二次系统的现场调试作业过程及要求，包括总体要求、调试过程控制、调试作业准备、单体设备调试、分系统功能调试、系统联调、送电试验和调试质量等。

（2）适用于110（66）～750kV 智能变电站建设、智能化改造工程的现场调试工作。智能电子设备运行检修，可参照相应要求与措施执行。

3.2 智能变电站调试项目及流程

　　智能变电站的调试可分为系统配置、系统测试、系统动模、单体调试、分系统调试、现场调试和投产试验。新建智能变电站、智能变电站扩建、增加智能设备接入进行投产校验时需要完成以上所有调试项目，调试宜按标准化流程（图3.1）分步骤进行，智能变电站做定期校验、补充校验时，系统配置、系统测试、系统动模可作为检查项不再进行调试。

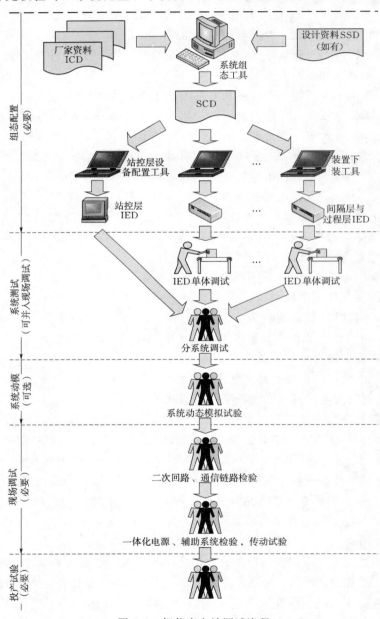

图 3.1　智能变电站调试流程

3.2.1 系统配置

智能变电站系统配置的流程如图 3.2 所示，系统配置可由用户完成，也可由自动系统集成商完成后经用户认可，设备下装与配置工作宜由相应厂家完成，也可在厂家的指导下由用户完成。

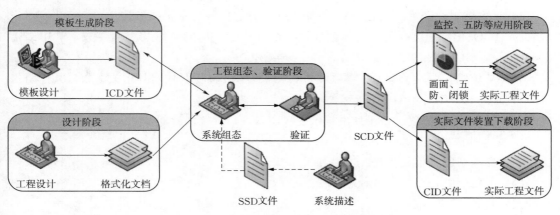

图 3.2 智能变电站系统配置流程

1. 应具备的条件

系统配置除设备应通过《电力自动化通信网络和系统》（DL/T 860）标准一致性测试，并具有以下技术文件：

（1）检测报告。

（2）设备合同。

（3）智能电子设备能力描述文件（ICD 文件）。

（4）系统描述文件（SSD 文件）。

（5）高级功能相关策略［含闭锁逻辑、AV（Q）C 策略、智能告警与故障综合分析策略等］。

（6）设计图纸（含虚端子接线图、远动信息表、网络配置图等）。

（7）其他需要的技术文件。

2. 文件检查

对厂家提供的 ICD 进行以下检查：

（1）文件 SCL 语法合法性检查。

（2）文件模型实例及数据集正确性检查。

（3）文件模型描述完整性检查。

3. 系统组态

（1）通信子网配置。按设计网络结构配置通信子网。

（2）IED 配置。导入 ICD 文件，配置 IED，主要包括以下内容：

1）IED 命名及描述配置。IED 命名宜以大写字母开始，宜表明 IED 设备类型、电压等级、变化及双重化套数（如双重化配置），不宜包含调度命名特征字符。IED 描述应符合变电站运行人员习惯。

2）IP 地址配置。宜配置 B 类内网 IP 地址，IED 的 IP 地址应全站唯一。

3）数据集配置（如必要）。按需求配置数据集及其数据集成员。

4）数据自描述配置。按设计配置部分与工程相关的数据集信号描述。

5）报告控制块配置（如必要）。按需求配置报告控制块及相关参数。

6）日志控制块配置（如必要）。按需求配置日志控制块及相关参数。

7）GOOSE 控制块及其相关参数配置。配置 GOOSE 控制块及相关参数，其中组播 MAC 地址、GOOSE 的 ID 与 APP 的 ID 应全站唯一。

8）SV 传输控制块及其通信参数配置。配置 SV 传输控制块及其相关参数，其中组播 MAC 地址、SMVID 与 APPID 应全站唯一。

9）虚端子连接配置。按设计虚端子连接图（表）配置装置间 GOOSE 与 SV 联系。

4. 变电站配置

配置变电站以下相关参数：

（1）电压等级。

（2）间隔。

（3）一次设备及其子设备。

（4）变电站功能逻辑节点关联。

5. SCD 文件检查

完成 SCD 文件配置后，应进行以下检查：

（1）文件 SCL 语法合法性检查。

（2）文件模型实例及数据集正确性检查。

（3）IP 地址、组播 MAC 地址、GOOSEID、SMVID、APPID 唯一性检查。

（4）VLAN、优先级等通信参数正确性检查。

（5）虚端子连接正确性和完整性检查。

（6）虚端子连接的二次回路描述正确性检查。

6. 站控层设备配置

站控层设备厂家导入 SCD 文件，自动解析生成数据库。按设计和用户要求配置画面、光字、报表等人机界面，配置防误闭锁、AV（Q）C、顺序控制、智能告警与故障综合分析等告警应用。

7. IED 装置下装

IED 厂家应用各自 IED 下装工具提取 SCD 文件中相关 IED 配置并下装到 IED。IED 应能自动识别以下配置：

（1）报告控制块及其参数。

（2）日志控制块及其参数。

（3）GOOSE 控制块及其参数。

（4）SV 传输控制块及其参数。

（5）虚端子连接。

8. 交换机配置

配置交换机，主要包括以下参数：

（1）交换机命名及 IP 地址。

（2）交换机对时参数。

（3）快速生成树参数（环网）。

（4）报文记录镜像端口设置。

（5）交换机远方通信管理参数（如有）。

过程层交换机配置还应包括：VLAN 配置、GMRP 承诺书配置或静态组播配置。

3.2.2　系统测试

为保证整站主要功能的正确性及性能指标正常的系统联调试验，系统测试包含变电站各分系统调试和装置单体调试。

系统测试宜在集成商厂家集中镜像，但必须由用户或用户知道的第三方监督完成。系统测试也可在用户组织指定的场所进行，如电力试验研究院或变电站现场。与一次联系紧密的智能设备，如电子式互感器，其单体调试和相关的分系统调试也可在现场完成；其他智能设备可将智能接口装置，如智能终端、常规互感器 MU 等宜集中做系统测试。部分分系统调试，如防误操作功能检验也可在现场按调试步骤进行。

设备应通过权威部门的认可型试验、动模试验等检查，系统已完成系统配置，并具有下列技术文件：

（1）检测报告。

（2）系统配置文件（SCD 文件）。

（3）设备合同。

（4）高级功能相关策略〔含闭锁逻辑、AV（Q）C 策略、智能告警与故障综合分析策略等〕。

（5）保护调试定值。

（6）设计图纸（含虚端子接线图、远动信息表、网络配置图等）。

（7）其他需要的技术文件。

3.2.3　系统动模

为验证继电包含等整体系统（含 TA、TV、智能终端等）的性能和可靠性而进行的变电站动模试验。

系统动模试验为可选步骤，应在变电站工程初步设计阶段明确是否需要，可根据以下条件有选择地进行：

（1）工程采用的系统结构为首次应用。

（2）工程虽采用已做过系统动模的典型系统结构，但局部更改明显。

（3）工程采用的设备厂家与以往工程差异明显。

（4）同一厂家设备曾做过 3 次以上系统动模试验的不宜再做。

系统动模试验单位资质应由用户认可，用户可全程参与系统动模试验。系统动模试验应出具完整的试验报告，对试验结果进行客观评价。

3.2.4　单体调试

为保证 IED 功能和配置正确性，需要对单个装置进行的试验。

1. 电子式互感器及 MU

（1）常规检验项目。结构外观检查、一次侧端工频耐压试验、局部放电测量、电容测量、介质损耗量等常规试验按《互感器》（GB 20840）执行。

（2）SV 传输数据检验。在全部本体试验合格后进行，将互感器本体和 MU 连接并按 SCD 文件相关 IED 配置 MU，检验 MU 输出 SV 数据通道正确性，检查相关通信参数符合 SCD 文件配置。如用直采方式、SV 数据输出还应检验是否满足等间隔输出及带延时参数的要求。

（3）准确度校验。在 SV 传输数据检验完成后，应分别检验互感器网络采用模式和点对点自己采样模式的准确度。各通道应满足《互感器》（GB 20840）标准规定的准确度等级要求。

（4）MU 电压并列及切换试验。如 MU 具备电压并列功能，应模拟并列条件检验 MU 电压并列功能；如 MU 具备电压切换功能，应模拟切换条件检验 MU 电压切换功能。

（5）极性检查。在现场安装完毕后，应采用通入直流电流或电压的方式检查互感器极性。

2. 常规互感器及 MU

（1）互感器检验。互感器结构外观检查、一次侧端工频耐压试验、局部放电测量、电容测量、介质损耗量等试验按《电气装置安装工程　电气设备交接试验标准》（GB 50150—2016）执行。

（2）MU 检验。

1）检验常规采集 MU 输出 SV 数据通道与装置模拟输入关联的正确性，检查相关通信参数符合 SCD 文件配置。如用直采方式、SV 数据输出还应检验是否满足《智能变电站继电保护技术规范》（Q/GDW 441—2010）等间隔输出及带延时参数的要求。

2）应分别检验常规采集 MU 网络采用模式和点对点直接采用模式的准确度。还应检验常规采集 MU 的模拟量采样线性度、零漂、极性等。

3）如 MU 具备电压并列功能，应模拟并列条件检验 MU 电压并列功能；如 MU 具备电压切换功能，应模拟切换条件检验 MU 电压切换功能。

3. 智能终端

（1）常规检查。装置外观检查、绝缘试验、上电检查、逆变电源检查和相关二次回路检验等参照《继电保护和电网安全自动装置检验规程》（DL/T 995—2016）执行。

（2）开关量检验。

1）检验智能终端输出 GOOSE 数据通道与装置开关量输入关联的正确性，检查相关通信参数符合 SCD 文件配置。

2）检验智能终端输入 GOOSE 数据通道与装置开关量输出关联的正确性。

3）测试 GOOSE 输入与开关量输出动作时间，应满足不大于 7ms 要求。

（3）SOE 时标准确度检验。使用 SOE 信号发生器对过程层接口装置定时模拟触发输入信号，检查装置输出事件时标与信号实际触发时间差，应小于 1ms。

4. 继电保护和安全自动装置

（1）常规检验。装置外观检查、绝缘试验、上电检查和逆变电源检查等按《继电保护和电网安全自动装置检验规程》（DL/T 995—2016）执行。

（2）GOOSE 输入检验。

1）按 SCD 文件配置，依次模拟被检装置的所有 GOOSE 输入，观察被检装置显示正确性。

2）检查 GOOSE 输入量设置有相关联的压板功能。

3）改变装置和测试仪的检修状态，检查装置在正常和检修状态下，结束 GOOSE 报文的行为。

4）检查装置各输入量在 GOOSE 中断情况下的行为。

（3）GOOSE 输出检验。

1）按 SCD 文件配置，依次检查 GOOSE 输出量的行为。

2）检查 GOOSE 输出量设置有相关联的压板功能。

3）改变装置的检修状态，检查 GOOSE 输出的检修位。

（4）SV 输入检验。

1）按 SCD 文件配置，模拟被检验装置的所有 SV 输入，观察被检装置显示正确性。

2）对于有多路（MU）SV 输入的装置，模拟被检装置的两路及以上 SV 输入，检查装置的采样同步性能。

3）检查 SV 输入量设置有相关联的压板功能。

4）改变装置和测试仪的检修状态，检查装置在正常和检修状态下，接收 SV 报文的行为。

5）改变测试仪的同步标志，检查装置的行为。

（5）保护事件时标准确度检验。按说明书规定的试验方法对保护进行试验，检查装置相应的输出事件时标与保护实际动作时间差，应不大于 5ms。

（6）其他检验。整定值检验、纵联保护通道检验和整组试验按《继电保护和电网安全自动装置检验规程》（DL/T 995—2016）执行。

5. 测控装置

（1）常规检验。装置外观检查、绝缘试验、上电检查和逆变电源检查检验等参照《继电保护和电网安全自动装置检验规程》（DL/T 995—2016）执行。

（2）信号检验。

1）按 SCD 文件配置，依次模拟被检装置的时间 GOOSE 输入，检查装置输出相关遥信报告正确性。

2）改变测试仪的检修状态，检查装置输出相关遥信报告的品质位。

3）改变测控装置的检修状态，检查装置输出遥信报告的品质位。

（3）模拟量检验。

1）按 SCD 文件配置，模拟被检装置的所有 SV 传输输入，检查装置显示画面和相关遥测报告正确性。

2）对于有多路（MU）SV 输入的装置，模拟被检装置的两路及以上 SV 输入，检查装置的采样同步性能。

3）检验模拟量功率计算准确度。

4）改变测试仪输出值，检验测控装置的模拟量死区值。

5）改变测试仪的检修状态，检查装置输出遥测报告的品质位。

6）改变测控装置的检修状态，检查装置输出遥测报告的品质位。

（4）控制输出检验。

1）按 SCD 文件配置，检查测控装置控制输出对象正确性。

2）检测测控装置输出的分、合闸脉宽。

3）检查一次设备本体、测控单元控制权限。

4）改变测控装置检修状态，检查输出控制 GOOSE 报文的检修位。

（5）同期功能检验。

1）检验断路器无压合闸功能及无压定值。

2）检验断路器同期合闸功能及同期定值。

3）检验断路器强制合闸功能。

（6）防误操作功能检验。模拟其他间隔断路器、隔离开关位置，检验装置防误操作功能，结果应符合设计要求。

（7）GOOSE 事件 SOE 时标准确度检验。当测控装置接收 GOOSE 事件采用本机事件打印时标时，使用网络报文记录分析仪测试测控装置 GOOSE 事件 SOE 精度，测试结果应不大于 10ms。

6. 电能表

（1）按 SCD 文件配置，模拟被检装置的 SV 输入，检查装置显示的正确性。

（2）对于有多路（MU）SV 输入的电能表，模拟被检装置的两路及以上 SV 输入，检查装置的采样同步性能。

（3）检验模拟量功率、电能量计算准确度。

7. 同步相量测量装置

按 SCD 文件配置，模拟被检装置的所有 SV 输入，检查装置显示的正确性。

8. 对时系统准确度检验

（1）检验主时钟输出的时钟准确度。

（2）检验被对时设备对时输入端口的时钟准确度。

（3）主备钟切换试验。

3.2.5 分系统调试

为保证分系统功能和配置正确性而对分系统上关联的多个装置进行的试验。

1. 后台人机界面检验

可结合间隔层单体调试检查监控系统人机界面，包括以下内容：

（1）简报（SOE）信息（含保护事件）。

（2）接线画面（含主画面、分画面、潮流图、通信链路状态等）。

（3）测量曲线。

（4）光字功能。

（5）告警音响。

（6）保护故障简报。

（7）画面响应时间。

2. 后台事件记录及查询功能检验

抽样检查后台事件记录完整性，检查查询功能的正确性。

3. 后台定值召唤、修改功能检验

按装置型号分别检查，包括以下内容：

（1）定值召唤功能（定值名称、定值大小、步长、最大值、最小值、量纲及排序）。

（2）定值区切换功能。

（3）定值修改功能。

4. 后台遥控功能检验

（1）测控遥控。按每台测控装置逐一检验，包括以下内容：

1）各断路器、隔离开关控制功能及图元描述的正确性。

2）各变压器挡位控制功能及图元描述正确性。

3）其他对象控制功能及图元描述正确性。

（2）保护遥控。按每台保护装置逐一检验各软压板控制功能及图元描述正确性。

5. 防误操作功能检验

（1）根据闭锁逻辑表分别在站级层和间隔层对每个遥控对象在各种状态下的防误闭锁功能进行验证（包括正逻辑、反逻辑、中间态及装置故障态）。

（2）根据闭锁逻辑表对每个间隔的手动控制设备在各种状态下的防误闭锁功能进行验证（包括正逻辑、反逻辑、中间态及装置故障态），检查机械编码锁的地址设置正确性。

（3）根据闭锁逻辑表对站级层接地线人工置位防误闭锁功能进行验证（包括正逻辑、反逻辑、中间态及装置故障态）。

（4）闭锁逻辑操作预演功能测试。

6. AV（Q）C 功能检验

（1）电容器、电抗器、主变本体等对象闭锁条件测试。模拟相关闭锁信号，AVC 应闭锁相关主变、电抗器（电容器）支路、主变有载调压分接头并自保持。

（2）电压异常告警试验。模拟主变各侧三相电压不平衡及中压侧和高压侧电压异常，AVC 系统应告警"三相电压不平衡（电压异常）"，并暂停 AVC 调整。

（3）AV（Q）C 模块开环、半闭环和闭环控制功能测试。根据 AV（Q）C 控制策略，检查主变电压位于 25 域图（或 9 域图）不同区间 AV（Q）C 模块的控制功能。

（4）电抗器（电容器）控制时间间隔及动作次数限制测试。

（5）AV（Q）C 功能模块电压死区功能测试。

（6）主变并列运行工况下的 AV（Q）C 功能测试（两台主变以上）。

7. 设备状态可视化功能检验

（1）结合设备状态在线监测功能调试检查设备状态可视化信息的正确性。

（2）查询设备状态量信息、测试数据，以及调用历史数据展示趋势图、录波波形等功能，应满足合同要求。

（3）逐一改变在线监测某一单项数据，促使设备状态改变，核对系统自动判断结果是否正确，展示状态是否及时变更；逐一修改系统的单项评价依据设置，促使设备状态改变，核对系统自动判断结果是否正确，展示状态是否及时变更。

8. 智能告警功能检验

（1）抽检告警信息的分类功能。

（2）按告警信息类别检查告警分析推理功能。

9. 故障信息综合分析功能检验

根据故障信息综合分析各种策略，分别模拟系统故障跳闸，检验分析结果的正确性。

10. 保护故障信息功能检验

配合各级调度，按不同装置型号分别检验保护故障信息远传与录波文件读取功能。

11. 电能量采集功能检验

配合上级部门，检验电能量采集功能与上级通信正常，数据正确。

12. 网络记录分析功能检验

（1）检验报文记录时间准确度，要求不超过 $250\mu s$。

（2）检查报文记录时间分辨率，要求 GOOSE 和 SV 报文不超过 $1\mu s$，MMS 报文不超过 1ms。

（3）抽检报文记录完整性。

13. 后台双机冗余切换检查

人为退出双机（设备）运行系统中一台主机（设备），备机（设备）应自动投入工作。双机（设备）切换从开始至功能恢复时间不应大于 30s 或规定的时间。切换时数据不能丢失，并且要保证主、备机数据库的一致性，切换过程不应对系统稳定运行产生扰动。

14. 网络试验

（1）网络可靠性和安全性试验。

1）任一台服务器任一网络节点中断，检查系统是否工作正常。在任意节点人为切断通信总线，检查系统是否不出错或出现死机情况。切、投通信总线上的任意节点，或模拟其故障，检查总线通信是否正常。

2）任一台工作站的网络节点中断后重连，检查系统是否正常。

3）任一台测控装置，拔插网络口，检查系统是否正常。

4）关闭任一台测控装置电源，检查系统是否正常。

（2）网络负荷及站控层主机 CPU 占用率检查。

1）电网正常情况。监视交换机各端口的流量负荷，记录任意一分钟流量百分比数值；检查站控层主机 CPU 占用率。

2）电网故障情况。模拟电网系统故障，监视交换机各端口的流量负荷，记录任意一分钟流量百分比数值；检查站控层主机 CPU 占用率。

（3）网络功能检验。

1）环网自愈功能试验。以固定速率连续模拟同一事件，断开通信链路的逻辑链接，检验报文传输是否有丢弃、重发、延时。

2）优先传输功能试验。使用网络负载发生装置对网络发送 100％负载的普通优先级报文，测试继电保护动作时间和断路器反应时间是否正常。

3）组播报文隔离功能检验。截取网络各节点报文，检查是否含有被隔离组播报文。

（4）网络加载试验。

1）站控层网络加载试验。利用网络测试仪对站控层网络注入各种负载报文，监视后台、远动、保信子站等客户端通信情况，同时监视交换机 CPU 负荷率。

2）过程层网络加载试验。利用网络测试仪对过程层网络注入各种负载及各种组播地址的组播报文，多次测试相关保护整组动作时间是否延时，后台事件是否完整，同时监视交换机 CPU 负荷率。

15．雪崩试验

变电站各主要功能调试结束后，模拟变电站远景建设规模的 20％以上区域同时发生事故，检验继电保护动作和断路器跳闸是否延时，检查监控系统信号是否正确、无遗漏。

3.2.6　现场调试

现场调试是为保证设备及系统现场安装连接与功能的正确性而进行的试验。

现场调试主要包括回路、通信链路检验及传动试验。辅助系统（含视频监控、安防等）调试宜在现场调试阶段进行。

1．应具备的条件

系统应通过系统配置和系统测试，并具有以下技术文件：

（1）系统配置文件（SCD 文件）。

（2）系统测试报告。

（3）系统动模试验报告（如未做系统动模试验则没有）。

（4）设备合同。

（5）高级功能相关策略［含闭锁逻辑、AV（Q）C 策略、智能告警与故障综合分析策略等］。

（6）保护投产定值。

（7）设计图纸（含虚端子接线图、远动信息表、网络配置图等）。

（8）其他需要的技术文件。

2．二次回路检验

包括二次回路接线检查和二次回路绝缘检查，具体按《继电保护和电网安全自动装置检验规程》（DL/T 995—2016）执行。

3．通信链路检验

（1）光纤链路。

1）检查确认光缆的型号、敷设与设计图纸相符、光纤弯曲曲率半径均大于光纤外直径的 20 倍、光纤耦合器安装稳固。

2）在被测光纤链路一端使用标准光发生器（与对侧光功率计配套）输入额定功率稳定光束，在接收端使用光功率计接收光束并测得输出功率，确认光功率衰耗满足要求。

（2）双绞线链路。检查电缆模块化接头（RJ45 水晶头）内双绞线的排列顺序符合单一线序标准。

（3）通信中断告警检查。

1）检查所有站控层设备与智能电子装置通信中断告警功能。

2）检查所有智能电子装置之间的 GOOSE 通信告警功能。

3）检查所有间隔层装置与 MU 之间的采样值传输通信告警功能。

4．辅助系统检验

（1）视频监控。

1）检查视频监控各通道监视与远方控制功能正常。

2）如视频与监控系统联动，在设备操作时，应检验视频监控的联动功能。

（2）安防系统。配合安防系统调试检查后台信号及画面的正确性。

（3）辅助系统优化控制。检验户外柜温湿度控制功能。

5．传动试验

（1）一次设备传动。

1）从后台逐一控制变电站所有可控一次设备，同时检查后台人机界面和相关保护装置信息的正确性。

2）按设计要求与状态监测模拟各一次设备信号与测量量，检查相关信号及设备状态可视化正确性。

（2）顺序控制功能传动。

1）按典型顺序控制功能逐一检验全部顺序控制功能。

2）在各种主接线和运行方式下，检验自动生成典型操作流程的功能。

3）抽检顺序控制急停功能。

（3）远动四遥功能检验。

1）配合各级调度，检查远动遥信遥测功能（可采用间隔层 IED 取代模式验证）。

2）如支持调度中心远方遥控，还需逐一验证相关一次设备远方遥控和顺序控制正确性。

（4）继电保护传动。保护整组传动试验按《继电保护和电网安全自动装置检验规程》DL/T 995—2016 执行。配合传动试验检查后台及保护故障信息系统信号及故障信息综合分析功能正确性。

6．一次通流加压试验

（1）对电子式 TA 进行一次通流试验。检查测控、计量、保护、故障录波器、PMU 等相关设备显示值的正确性。

（2）对电子式 TV 进行一次通压试验。检查测控、计量、保护、故障录波器、PMU

等相关设备显示值的正确性。

（3）对电子式 TA 通入一定的直流分量，验证极性的正确性。

3.2.7 投产试验

设备投入运行时，用一次电流及工作电压加以检验和判定的试验。

投产试验包括一次设备启动试验、核相与带负荷试验。

1. 应具备的条件

系统应通过系统配置、系统测试和现场调试，并具有以下技术文件：

（1）系统配置文件（SCD 文件）。

（2）系统测试和现场调试报告。

（3）其他需要的技术文件。

2. 一次设备启动试验

一次设备启动试验包括新投产设备充电、开关投切、合环等内容，试验按《10kV 及以上送变电工程启动及竣工验收规程》（DL/T 782—2001）执行。

3. 核相与带负荷试验

用一次电流及工作电压进行如下检验和判定：

（1）用数字式录波器、数字式相位仪等仪器检查各 MU 输出的电压之间的相位关系。

（2）用数字式录波器、数字式相位仪等仪器检查 MU 输出的电压电流相位、极性、相序关系。

（3）检查各测控、保护、PMU 等装置的相别、相位关系或功率、功率因素等参数正常。

（4）检查各差动保护的差电流是否正常。

3.3 调试常用软件

随着智能变电站工程建设的开展，与智能变电站相关的测试仪器和软件得到深入的研究与广泛应用，主要包括数字化继电保护测试仪、电子式互感器校验仪、网络报文分析仪、网络性能测试仪、网络抓包工具。

调试前注意收集以下资料：

（1）相应的图纸、技术协议、发货装箱清单、设计联系单等。

（2）检查尾纤的型号（ST、SC、LC、FC，南瑞继保的是 LC，其他厂家都是 ST）。

（3）装置型号及各插件型号，SV 板版本号，GOOSE 板版本号，了解本站的组网方式，在此基础上建立一个保护版本记录表格。

（4）根据组网方式及需要实现的功能，向公司数字化接口部门获得相应的保护 CPU 程序，GOOSE 板程序、SV 板程序、测控 CPU 程序，以及 SV 板底层引导程序、GOOSE 板底层引导程序、master 板程序等（虽然经过出厂联调，但是并没有完全处理掉问题，所以需要升级）。

（5）与技术支持核对程序版本并获得最新的版本程序。

（6）将最新的 ICD 文件给集成商，测报一体化装置，要用 CSCAM 软件对测控双位置遥信（主要是断路器，隔离开关）、遥控进行配置（注意最新的 GOOSE 虚端子），重新生成 ICD 文件。

（7）获得集成商提供的 SCD 文件，检查相应保护装置的虚端子连接是否与设计虚端子图有出入。

3.3.1　SCD 配置工具

SCD 配置工具就是用来整合一个智能变电站内各个孤立的 IED 为一个完善的变电站自动化系统的系统性工具，可以记录 SCD 文件的历史修改记录，编辑全站一次接线图，映射物理子网结构到 SCD 中，可配置每个 IED 的通信参数、报告控制块、GOOSE 控制块、SMV 控制块、数据集、GOOSE 连线、SMV 连线、DOI 描述等。以 SCL Configurator 软件 SCD 配置工具为例，如图 3.3 所示。

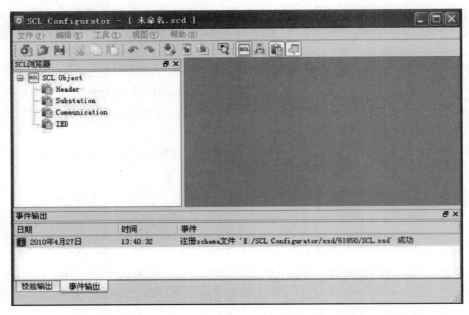

图 3.3　SCL Configurator 软件 SCD 配置工具

3.3.1.1　工具结构

（1）Header 部分。记录 SCD 文件的更新记录，手动输入维护记录，version（版本）用于有较大修改时的版本记录，revison（修订版本）用于在某一个版本基础上所做的小修改而生成的修订版本号。

（2）Substation 部分。可用于编辑变电站内主接线图等，供后台直接读取画面。

（3）Communication 部分。实际物理通信子网的映射，MMS 独立组网时，子网的类型为 8 - MMS，子网的 address 中存放本子网内装置的 MMS 访问点；GOOSE 独立组网时，子网的类型为 IEC GOOSE，子网的 GSE 中存放本子网内装置的 GOOSE 访问点；SV 独立组网时，子网的类型为 SMV，子网的 SMV 存放本子网内装置的 SV 访问点；

GOOSE 及 SV 共网时，可建一个子网，其类型选择 IEC GOOSE，GSE 和 SMV 分别存放 GOOSE 访问点和 SV 访问点。

（4）IED 部分。提供全站 IED 的添加、更新、删除功能，并提供对 IED 详细内容的查看。

3.3.1.2 组态工作

各装置厂家提供各自装置的建模工具软件，创建描述某种装置对外通信能力的 ICD 文件给系统集成商；系统集成商结合设计院提供的设计图纸和要求，用 SCD 工具对整个变电站的通信网络（包括 GOOSE 网、MMS 网和 SMV 网）进行划分和配置，如通信子网的个数，MMS 网 IP 地址及子网掩码，GOOSE 网的 APPID、VLAN - ID、VLAN - PRIORITY、MAC 地址、MinTime、MaxTime、GOOSE 块的分配等。

用 SCD 工具添加各个 IED 装置，并进行相关命名和配置。

根据设计提供的设计图纸和虚端子表进行 GOOSE 连线，并完成 SCD 文件实例化。

3.3.2 图形化查看工具

目前测试仪的配置大多是面向 APPID 的，通过选择 APPID 来设置需要发送与接收的 SV、GOOSE 控制块，这种配置方法的不足是必须查看虚端子表或虚端图，记录下被测 IED 的发送接收 APPID。手持调试终端 DME5000 的图形化查看工具，测试配置是面向 IED 及图形化 SCD 的，可通过如下方法进行测试配置：

（1）导入 SCD 文件，设置报文发送类型及缺省电压、电流变比。

（2）进入 IED 列表，选择被测 IED 设备，如图 3.4（a）所示，IED 设备可通过输入关键字，如 IED 名字、厂家及描述等信息进行查找确定。

（3）查看所选 IED 设备的关联图，如图 3.4（b）所示，对 IED 设备输入输出关系进行确认。

（a）IED 列表

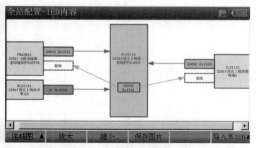
（b）IED 设备关联图

图 3.4　测试配置

1）选择导入本 IED，将图形化 IED 的关联关系自动导入为测试配置，即将所选 IED 的 SV 输入配置成测试仪的 SV 输出、IED 的 GOOSE 输入配置成测试仪的 GOOSE 输出、IED 的 GOOSE 输出配置成测试仪的 GOOSE 输入。

2）设置测试仪发送光口，DM5000E 提供 3 对光以太网接口，设置各 SV、GOOSE 控制块发送光口号。

3.4 调试工器具的使用

应用于智能变电站的继电保护，有以下主要特点：

（1）保护运算需要的电流、电压，以遵循 IEC 61850 标准的 SMV 报文从网络上获取，或者从 ECT/EVT 直接接入模拟量信号。

（2）保护需要的开关位置信息和闭锁信号，以遵循 IEC 61850 标准的 GOOSE 报文从网络获取。

（3）保护动作后，跳合闸执行结果以遵循 IEC 61850 标准的 GOOSE 报文输出到网络上。

（4）数据的网络化传输，出现了新原理的网络化保护。

对于智能变电站的继电保护，常规的继电保护试验仪已经难以适应其测试需要。智能变电站技术的应用对微机继电保护测试仪提出了新的功能需求：测试仪应遵循 IEC 61850 标准，支持 SMV、GOOSE 编码发送和接收。

3.4.1 继电保护测试仪

以 DRT - 802 继电保护测试仪为例（图 3.5），它是遵循 IEC 61850 标准、适用于智能变电站间隔层装置的测试设备。该测试仪功能完善，不仅支持 SMV、GOOSE 协议，同时支持小信号模拟量输出和开入开出，能够适应智能变电站任何一种继电保护装置的测试需要。

图 3.5　DRT - 802 继电保护测试仪主机

测试仪面板说明如图 3.6 和图 3.7 所示。

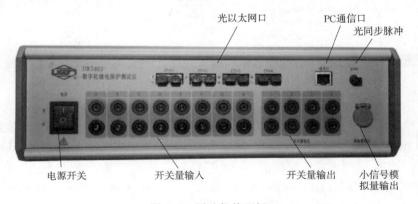

图 3.6　测试仪前面板

电源输入　　　　　　　　　　　　　　　　　同步串口

图 3.7　测试仪后面板

3.4.1.1　DRT-802 技术特点

1. 全面支持 IEC 61850 标准

DRT-802 测试仪适用于符合 IEC 61850 标准的全智能变电站，支持 IEC 61850-9-1、IEC 61850-9-2LE 采样值报文发送，同时支持各种数据格式的 GOOSE 报文传输。

测试系统采用智能变电站内保护装置、智能接口单元、合并器等长期运行设备的同一通信平台库，通信系统稳定可靠。测试仪发送的 SMV 报文实时性、准确性、可靠性、稳定性和合并器属同一级别，GOOSE 报文的收发严格遵循 IEC 61850 标准的订阅/发布机制，开关量的时标、变位时刻精度满足标准要求。

测试仪可同时模拟 4 个合并器输出 4 组 SMV 报文，报文格式、采样点数、ASDU 数目可配置，每组 SMV 报文的 APPID、svID 等信息均支持配置，如图 3.8 所示。

图 3.8　SMV 配置

GOOSE 报文发送机制可配置，如图 3.9 所示。GOOSE 报文的配置如图 3.10 所示。

2. 61850 配置信息树状结构显示，配置分层分步

测试仪输出 SMV 配置树状结构如图 3.11 所示。GOOSE 配置树状结构如图 3.12 所示。

3. 性能高、对外接口丰富、适用于各种现场配置

测试仪采用先进的数字信号处理系统，实时性好，数据处理能力强大，性能高。提供 4 个百兆光纤以太网接口，每组数字报文均可指定不同端口，满足现场各种工程

图 3.9　GOOSE 发送配置

图 3.10　GOOSE 报文配置

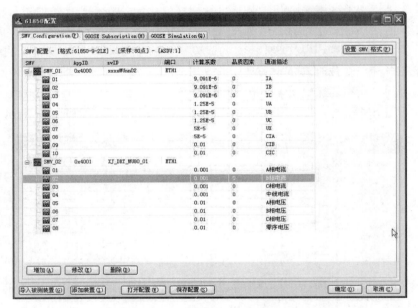

图 3.11　SMV 配置树状结构

配置的 IED 测试需要。

　　4. 完善的功能

　　测试仪除基于 IEC 61850 的数字信号输出外，还支持模拟量信号输出，可用于直接接入电子式互感器模拟量信号的保护装置的测试。此外，测试仪还提供 8 对独立的开关量输入，隔离电压 500V，空接点与 15～250V 电位兼容，极性自动识别，适用于各种现场接线的开入量。提供 4 路开关量输出。物理开入开出和 GOOSE 数据可灵活映射。

　　测试仪配置后，输入输出可以支持以下 8 种模式，对任意输入输出形式的保护装置均可构成完美的闭环测试系统。

　　（1）9-1 SMV＋GOOSE 开入＋GOOSE 开出。

图 3.12　GOOSE 配置树状结构

（2）9－2LE SMV＋GOOSE 开入＋GOOSE 开出。

（3）9－1 SMV＋开入＋开出。

（4）9－2LE SMV＋开入＋开出。

（5）ECT/EVT 模拟量＋GOOSE 开入＋GOOSE 开出。

（6）ECT/EVT 模拟量＋开入＋开出。

（7）SMV＋开入＋开出＋GOOSE 开入＋GOOSE 开出。

（8）ECT/EVT 模拟量＋开入＋开出＋GOOSE 开入＋GOOSE 开出。

5. 具备故障再现功能

测试仪可以将 COMTRADE 格式记录的波形文件进行回放，并具有网络报文监视、录制功能，可以根据用户要求录制故障时的网络数据，并简单操作后即可回放到过程层网络上，实现电力系统故障再现，为回归测试提供强大的技术支持。

6. 高精度的 ECT/EVT 模拟小信号量输出

智能变电站部分中低压保护装置直接接入 ECT/EVT 输出的小信号模拟量，用于保护运算。对此类保护的测试，DRT－802 测试仪提供 12 路模拟量输出，满足其测试需要。

测试仪的模拟量输出采用先进的 DAC 回路和模拟输出平滑回路设计，使测试仪的模拟量即使在小量程（40mV）时仍能保持极高的输出精度，总体输出精度满足 0.05 级要求。

为适应不同需求的保护测试，测试仪的 12 路模拟量输出共用中性点，各通道类型（为 ECT 或 EVT）、一次额定值、二次额定值均支持灵活配置，如图 3.13 所示，测试时，各通道输出幅值、频率、相位独立可调节。

测试仪模拟量输出采用国际先进的高精密电缆连接器，优质的材料保证高导电性和高屏蔽性，推拉自锁结构使连接与断开更为快捷简单。

图 3.13 模拟量通道配置

7. 外观简洁、质轻便携

硬件设计上充分考虑用户使用，采取 2U 标准机箱，装置的抗干扰能力、抗震动能力强，轻巧便携，方便现场调试人员外出携带。

3.4.1.2 DRT-802 技术参数

1. IEC 61850-9-1 或 IEC 61850-9-2 采样值报文输出

（1）可输出 4 组 SMV 报文。

（2）每一组 SMV 报文可设置发送端口。

（3）采样率可设置，支持最大采样率每周 256 点。

（4）每帧 SMV 报文中 ASDU 个数可以设置。

（5）通道系数可设置。

（6）输出接口：多模光纤、1310 波长、ST 接口，传输距离 50km。

2. GOOSE 开入

（1）支持接收 20 组 GOOSE 报文、160 个 GOOSE 开关量数据。

（2）每组 GOOSE 报文的 GOOSE 数据个数、数据格式均可设置。

（3）接收接口：多模光纤、1310 波长、SC 接口，传输距离 50km。

3. GOOSE 开出

（1）支持发送 20 组 GOOSE 报文、160 个 GOOSE 开关量数据。

（2）每组 GOOSE 报文的 GOOSE 数据个数、数据格式均可设置。

（3）每组 GOOSE 报文发送端口可设置。

（4）GOOSE 发送机制可灵活设置。

（5）输出接口：多模光纤、1310 波长、SC 接口，传输距离 50km。

4. 交流电压源

DRT-802具有12路电压输出通道，用来模拟电子式TA、电子式TV输出的模拟量信号，通过专用电缆可直接接入保护装置进行保护功能试验。12路模拟量输出共用中性点，各通道类型（为ECT或EVT）、一次额定值、二次额定值均支持灵活配置。测试时，各通道输出幅值、频率、相位独立可调节。交流电压源的技术参数如下：

(1) 输出电压的可调范围：0～7.07V（AC有效值）。

(2) 输出频率：0～2.5kHz。

(3) 幅值准确度：0.05。

(4) 输出电压总波形畸变率：不大于0.5%。

(5) 负载能力：2kΩ及以上。

(6) 输出时间：额定工作条件下可连续输出。

5. 角度

(1) 相角范围：0°～360°。

(2) 相角分辨率：0.1°。

(3) 相角精度：±0.1°。

6. 开入量与时间计量

(1) 8对独立的开关量输入端子，隔离电压500V，空节点与15～250V电位自动兼容，极性自动识别。

(2) 开入分辨率：1ms。

(3) 计时精度：1ms。

(4) 计时器范围：0.01ms～999999.999s。

(5) 可监视所有GOOSE开入状态，可记录16个GOOSE开入变位时间。

7. 开出量

(1) 4路继电器开出。

(2) 接点容量：250V DC，0.5A；250V AC，0.5A。

(3) 开出动作时间：不大于5ms。

(4) 可控制所有GOOSE开出状态，GOOSE开出变位带时标，误差小于100μs。

8. 工作电源

AC 220V（1±10%），40～60Hz，10A（最大）。

3.4.1.3 DRT-802使用说明

1. 测试前的操作

在第一次操作DRT-802之前，检查测试系统的以下所有部件是否齐全：

(1) 电源线。

(2) DRT-802与PC间的以太网连接线。

(3) DRT-802与测试对象间的连接光纤。

(4) 装有测试软件带以太网接口的PC机。

开始试验的步骤如下：

(1) 用厂方提供的以太网连接线将DRT-802连至PC机，测试仪端连接前面板上的通信口，PC 端连接以太网口。

（2）将 DRT‑802 和 PC 机的电源插头插上，打开两者的电源。

（3）将 PC 的以太网端口 IP 地址设置为：192.168.88.×××，测试仪通信口的 IP 地址为 192.168.88.97，PC 的 IP 和测试仪的 IP 必须在一个网段，但二者不能重复。

（4）启动 DRT 系列继电保护测试软件。

（5）在联机页面中查找到测试仪，点击确定，完成联机。

（6）进行配置后，即可开始测试。

2. 模拟量输出端子

模拟量输出端子如图 3.14 所示。

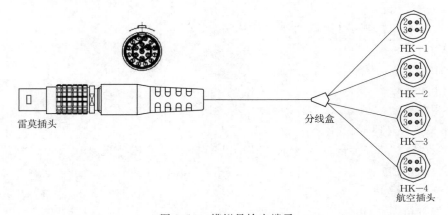

图 3.14　模拟量输出端子

模拟通道对应插头端子见表 3.1。

表 3.1　　　　　　　　　　　模拟通道对应插头端子表

通道名称	DAC 输出通道 ID	航空插头端子	雷莫插头端子
U_a	00	HK1‑1	1
U_b	01	HK2‑1	3
U_c	02	HK3‑1	4
U_x	03	HK4‑1	5
I_a	04	HK1‑2	7
I_b	05	HK2‑2	8
I_c	06	HK3‑2	9
$3I_0$	07	HK4‑2	11
cI_a	08	HK1‑3	12
cI_b	09	HK2‑3	13
cI_c	10	HK3‑3	15
备用通道	11	HK4‑3	16

3. 开关量输入的各种现场接线

测试仪提供 8 对独立的开关量输入，每一路开入功能及回路参数均相同。

开入隔离电压 500V，对于每一路开入，空节点与 15～250V 电位接点自动兼容，极性自动识别。

4. SMV 和 GOOSE 配置说明

测试仪的 SMV 和 GOOSE 的配置均在 61850 配置模块中进行。可以直接导入被测装置的配置文件，自动生成测试仪的 61850 信息的配置，这样一键就可以实现测试仪的配置。

同时支持手动配置，如图 3.15 所示，SMV 和 GOOSE 信息均支持增加、删除和修改。

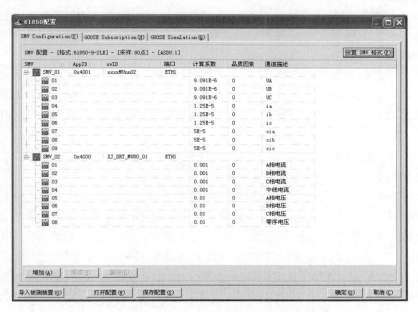

图 3.15　SMV 和 GOOSE 信息配置更改界面

配置时需要说明以下内容：

（1）测试仪发送的 SMV 报文格式配置对所有的 SMV 均生效，即测试仪发送的多组 SMV 报文的报文格式、采样点数、ASDU 数目相同。

（2）GOOSE 接收和发送配置中，每一配置项均需要仔细校对，以免影响 GOOSE 数据的解析。

（3）61850 配置中，每一组 SMV 和 GOOSE 报文均可以选择 ETH1、ETH2、ETH3、ETH4 四个以太网端口中的其中一个，端口的位置见测试仪面板标示。

（4）61850 配置可以单独保存，下次需要时直接打开，即可进行回归测试。

（5）在各测试模块的测试配置中，进行数字通道的关联配置，与常规的试验接线相当。

（6）测试配置中，如果模拟量输出页面的输出方式选择为"小信号"，测试仪将不再发送 SMV 报文，故障数据以模拟量形式输出。61850 配置中的 SMV 配置不再起作用，但是 GOOSE 接收和发送配置信息仍有效，并可以和硬开入开出进行关联。

3.4.2　手持调试终端

智能变电站手持式调试终端支持 SV、GOOSE 发送及接收监测，具有携带、配置、测试方便，效率高，易于实现跨间隔移动检修及遥信、遥测对点等诸多优点，一般采用锂电池供电，工作时间长，非常适合智能变电站安装调试、运维检修、故障查找、技能培训等场合，现场适应能力强。

智能变电站具有一次设备智能化、二次设备网络化的特点。二次设备具有统一的数据来源和标准传输规约，相对传统变电站二次系统而言，智能变电站二次系统测试设备具备了集成多种功能的基础，手持式调试终端逐步发展为集成多种功能于一体的便携式调试设备，如 SV、GOOSE 信号发送测试，SV、GOOSE 信号示波及分析，送电核相，TA 极性校核，时间同步信号监测，遥信遥测对点等丰富实用的功能。小型化和多功能化是手持式调试终端的必然发展趋势。

便携式手持光数字测试仪 DM5000E 功能特点如下：

（1）具有 3 对光以太网口，一对光串口，一对开入硬接点，以及一对开出硬接点。

（2）面向 IED 设备及图形化 SCD 文件，可按 IED 设备自动导入 SV、GOOSE 信息进行测试配置。

（3）可发送与接收 IEC 61850 - 9 - 1/2、IEC 60044 - 8（FT3）、GOOSE 光数字报文，实现二次虚回路测试。

（4）支持电压电流输出测试，3 组电压（12 路）及 3 组电流（12 路）可映射至多个采样值控制块输出，支持双 AD 配置，输出采样值采样率 4kHz/12.8kHz 可设。

（5）支持 SMV 多个状态按预先设定序列输出测试，最大状态数可达 10 个，各状态品质位可设，并可进行谐波叠加，参数设置具有短路模拟和故障计算功能。

（6）具有 SMV、GOOSE 及 IEEE 1588 报文检查与分析功能，可对报文进行丢帧统计和抖动分析。具有遥信、遥测量监测功能，遥测量可采用表格、波形、矢量图、序量等方式进行测量。

（7）具有 MU 传输延时及 GOOSE 发送机制测试功能，可校核 SMV 报文中互感器至 MU 输出的延时参数，并可测量 GOOSE 的 T_0、T_1、T_2 时间。

（8）具有报文异常暂态记录功能，当接收报文发生丢帧、错序、断链等异常时，自动记录异常报文，并可进行报文及波形分析，报文记录格式为通用的 PCAP 格式。

（9）具有 MU 输出光数字 SV 控制块的极性校核功能，支持直流电源法下的常规互感器及光电互感器保护与测量线圈的极性校核。

（10）具有串接侦听功能，可将装置串接在两个 IED 之间对 SV、GOOSE 报文进行实时侦听。

（11）具有智能终端动作延时测试功能，可测量智能终端的 GOOSE 至硬接点、硬接点至 GOOSE 传输延时。

DM5000E 支持 SV、GOOSE 发送测试及接收监测，适用于智能变电站 MU、保护、测控、计量、智能终端、时间同步系统等 IED 设备的快速简捷测试、遥信/遥测对点、光纤链路检查，以及智能变电站安装调试、故障检修、运行维护、IEC 61850 体系学习、相关技能培训及技术竞赛等。具体包括以下几个方面：

（1）SCD 文件一致性及虚端子检查。包括 IED 配置参数与 SCD 模型文件一致性检查，SV、GOOSE 通道及虚端子检查，光纤链路检查等。

（2）采样值系统 SV 接收测试。包括 MU SV 信号一致性测试，电压、电流有效值、波形、相位及相序校对，SV 失步、通道品质测试，SV 丢帧测试，SV 离散度测试，MU 传输延时测试。

（3）采样值系统 SV 发散测试。包括继电保护测试，双 AD 不一致保护行为测试，遥测对点测试，MU 置检修、运行及品质位无效测试，整组测试等。

（4）GOOSE 测试。包括 GOOSE 报文一致性测试，GOOSE 通道变位测试及 StNum、SqNum 测试，GOOSE 发送机制测试，智能终端动作测试、遥信对点等。

（5）核相与极性测试。支持不同母线 MU、变压器各侧 MU 电压相位与相序核对，支持直流电源法测试传统互感器及电子式互感器经 MU 输出的极性。

（6）时钟系统测试。可测试光 IRIG - B 码、光 PPS 的正确性，解析 IEEE 1588 时间报文。

（7）网络报文抓包与记录。包括网络报文侦听、异常报文查找、抓包与记录等。

第4章　智能变电站单体调试

4.1　MU　调　试

4.1.1　MU 发送 SV 报文检验

4.1.1.1　检验内容及要求

（1）SV 报文丢帧率测试。检验 SV 报文的丢帧率，保证 10min 内不丢帧。

（2）SV 报文完整性测试。检验 SV 报文中序号的连续性，SV 报文的序号应从 0 连续增加到 $50N-1$（N 为每周波采样点数），再恢复到 0，任意相邻两帧 SV 报文的序号应连续。

（3）SV 报文发送频率测试 80 点采样时，SV 报文应每一个采样点一帧报文，SV 报文的发送频率应与采样点频率一致，即 1 个 APDU 包含 1 个 ASDU。

（4）SV 报文发送间隔离散度检查。检验 SV 报文发送间隔是否等于理论值 $[(20/N)$ ms，N 为每周波采样点数]。测出的间隔抖动应在 $\pm10\mu s$ 之内。

（5）SV 报文品质位检查。在互感器工作正常时，SV 报文品质位应无置位；在互感器工作异常时，SV 报文品质位应不附加任何延时正确置位。

4.1.1.2　检验方法

将 MU 输出 SV 报文接入便携式电脑、网络记录分析仪、故障录波器等具有 SV 报文接收和分析功能的装置（图 4.1），进行 SV 报文的检验。

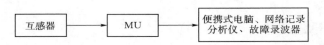

图 4.1　MU 发送 SV 报文测试图

（1）SV 报文丢帧率测试方法。用图 4.1 所示系统抓取 SV 报文并进行分析，试验时间大于 10min。丢帧率计算如下：

丢帧率＝（应该接收到的报文帧数－实际接收到的报文帧数)/应该接收到的报文帧数

（2）SV 报文完整性测试方法。用图 4.1 所示系统抓取 SV 报文并进行分析，试验时间大于 10min。检查抓取到 SV 报文的序号。

（3）SV 报文发送频率测试方法。用图 4.1 所示系统抓取 SV 报文并进行分析，试验时间大于 10min。检查抓取到 SV 报文的频率。

（4）SV 报文发送间隔离散度检查方法。用图 4.1 所示系统抓取 SV 报文并进行分析，试验时间大于 10min。检查抓取到 SV 报文的发送间隔离散度。

（5）SV 报文品质位检查方法。在无一次电流或电压时，SV 报文数据应为白噪声序列，且互感器自诊断状态位无置位；在施加一次电流或电压时，互感器输出应为无畸变波形，且互感器自诊断状态位无置位。断开互感器本体与 MU 的光纤，SV 报文品质位（错误标）应不附加任何延时正确置位。当异常消失时，SV 报文品质位（错误标）应无置位。

4.1.2　MU 失步再同步性能检验

4.1.2.1　检验内容及要求

检查 MU 失去同步信号再获得同步信号后，MU 传输 SV 报文的误差。在该过程中，SV 报文抖动时间应小于 $10\mu s$（每周波采样 80 点）。

4.1.2.2　检验方法

将 MU 的外部对时信号断开，过 10min 再将外部对时信号接上。通过图 4.1 系统进行 SV 报文的记录和分析。

4.1.3　MU 检修状态测试

4.1.3.1　检验内容及要求

MU 发送 SV 报文检修品质应能正确反映 MU 装置检修压板的投退。当检修压板投入时，SV 报文中的"Test"位应置 1，装置面板应有显示；当检修压板退出时，SV 报文中的"Test"位应置 0，装置面板应有显示。

4.1.3.2　检验方法

投退 MU 装置检修压板，通过图 4.1 所示系统抓取 SV 报文并分析"Test"是否正确置位，通过装置面板观察。

4.1.4　MU 电压切换功能检验

4.1.4.1　检验内容及要求

检验 MU 的电压切换功能是否正常，MU 能够通过开入开出板或者 GOOSE 接收母线隔离开关的位置，然后根据位置进行电压切换，原理如图 4.2 所示。

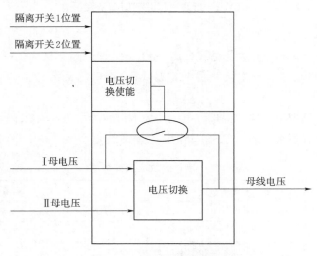

图 4.2　电压切换原理示意图

4.1.4.2 检验方法

给 MU 加上两组母线电压，通过 GOOSE 网给 MU 发送不同的隔离开关位置信号，检查自动切换功能是否正确。

4.1.5 MU 电压并列功能检验

4.1.5.1 检验内容及要求

检验 MU 的电压并列功能是否正常，对于双母线接线方式，母线 MU 能够实现母线电压并列功能。MU 采集母线间母联或分段位置以及两侧隔刀位置、TV 上的隔离开关位置，同时通过常规开入接入母线强制把手位置，根据这些位置信号来完成电压并列的功能，母联或分段位置信息采集可通过常规开入或 GOOSE 网络开入。当采用常规开入接入母联位置时，母联或分段两侧隔刀可与母联或分段位置串接入开入，TV 的隔离开关位置无需接入。而采用 GOOSE 网络开入母联或分段两侧隔刀、TV 的隔离开关位置必须接入，母线电压并列的原理如图 4.3 所示。

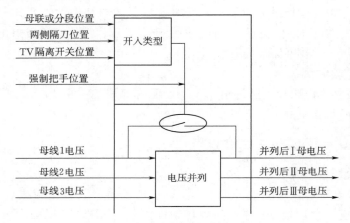

图 4.3　母线电压并列原理示意图

不同主接线方式并列原理如下：

（1）双母线、单母分段。两条母线配置一台母线 MU，若双重化则配置两台。双母单分段（分相模式）和双母双分主接线母线电压 MU 接口定义参考双母线接线方式（只考虑竖向并列）。

除表 4.1 的其他情况下，输出的母线电压均为本母线的电压，当打上强制把手，而对应的母联、隔离开关等位置不符合表 4.1 的逻辑时，装置均延迟产生"电压并列逻辑异常告警"。

表 4.1　　　　　　　　　　双母线、单母分段电压并列逻辑

位　　置	定值 GOOSE 开入				定值常规开入			
Ⅰ、Ⅱ母母联和两侧隔刀	1	1	1	1	1	1	1	1
Ⅰ母 TV 隔离开关	×	1	×	1	×	×	×	×
Ⅱ母 TV 隔离开关	1	×	1	×	×	×	×	×
把手Ⅰ母退出强制Ⅱ母	1	0	0	0	1	0	0	0

54

位　　置	定值 GOOSE 开入				定值常规开入			
把手Ⅱ母退出强制Ⅰ母	0	1	0	0	0	1	0	0
GOOSEⅠ母退出强制Ⅱ母	×	×	1	0	×	×	1	0
GOOSEⅡ母退出强制Ⅰ母	×	×	0	1	×	×	0	1
输出的Ⅰ母电压	Ⅱ母	Ⅰ母	Ⅱ母	Ⅰ母	Ⅱ母	Ⅰ母	Ⅱ母	Ⅰ母
输出的Ⅱ母电压	Ⅱ母	Ⅰ母	Ⅱ母	Ⅰ母	Ⅱ母	Ⅰ母	Ⅱ母	Ⅰ母

　　（2）单母三分段、双母单分段（不分相模式）。三条母线配置一台 MU，若双重化则配置两台。双母单分段只考虑竖向电压并列，单母三分段不考虑跨中间母线电压并列。

　　除表 4.2 的其他情况下，输出的母线电压均为本母线的电压，当打上强制把手，而对应的母联、隔离开关等位置不符合表 4.2 的逻辑时，装置均延迟产生"电压并列逻辑异常告警"。

表 4.2　　　　　　　　　　　单母三分段、双母单分段电压并列逻辑

位　　置	定值 GOOSE 开入								定值常规开入							
Ⅰ、Ⅱ母母联和两侧隔刀	1	1	×	×	1	1	×	×	1	1	×	×	1	1	×	×
Ⅱ、Ⅲ母母联和两侧隔刀	×	×	1	1	×	×	1	1	×	×	1	1	×	×	1	1
Ⅰ母 TV 隔离开关	×	1	×	×	1	×	×	×	×	1	×	×	1	×	×	×
Ⅱ母 TV 隔离开关	1	×	1	×	×	1	×	1	1	×	1	×	×	1	×	1
Ⅲ母 TV 隔离开关	×	×	×	1	×	×	×	1	×	×	×	1	×	×	×	1
把手Ⅰ母退出强制Ⅱ母	1	0	×	0	0	0	0	0	1	0	×	0	0	0	0	0
把手Ⅱ母退出强制Ⅰ母	0	1	0	0	0	0	0	0	0	1	0	0	0	0	0	0
把手Ⅲ母退出强制Ⅱ母	×	0	1	0	0	0	0	0	×	0	1	0	0	0	0	0
把手Ⅱ母退出强制Ⅲ母	×	0	0	1	0	0	0	0	×	0	0	1	0	0	0	0
GOOSEⅠ母退出强制Ⅱ母	×	×	×	×	1	0	×	0	×	×	×	×	1	0	×	0
GOOSEⅡ母退出强制Ⅰ母	×	×	×	×	0	1	0	0	×	×	×	×	0	1	0	0
GOOSEⅢ母退出强制Ⅱ母	×	×	×	×	×	0	1	0	×	×	×	×	×	0	1	0
GOOSEⅡ母退出强制Ⅲ母	×	×	×	×	0	0	0	1	×	×	×	×	0	0	0	1
输出的Ⅰ母电压	Ⅱ母	Ⅰ母	×	Ⅰ母	Ⅱ母	Ⅰ母	×	Ⅰ母	Ⅱ母	Ⅰ母	×	Ⅰ母	Ⅱ母	Ⅰ母	×	Ⅰ母
输出的Ⅱ母电压	Ⅱ母	Ⅰ母	Ⅱ母	Ⅲ母	Ⅱ母	Ⅰ母	Ⅱ母	Ⅲ母	Ⅱ母	Ⅰ母	Ⅱ母	Ⅲ母	Ⅱ母	Ⅰ母	Ⅱ母	Ⅲ母
输出的Ⅲ母电压	×	Ⅲ母	Ⅱ母	Ⅲ母	×	Ⅲ母	Ⅱ母	Ⅲ母	×	Ⅲ母	Ⅱ母	Ⅲ母	×	Ⅲ母	Ⅱ母	Ⅲ母

　　（3）单母线。无需电压并列，输出的电压为Ⅰ母电压。

4.1.5.2　检验方法

　　给电压间隔 MU 接入一组母线电压，将电压并列把手拨到相邻的两母线并列状态，通过合并器后端设备观察显示的两组母线电压，并且幅值、相位和频率均一致，电压间隔

MU 同时显示并列前的两组母线电压。

4.1.6 MU 准确度测试

4.1.6.1 检验内容及要求

该测试针对电磁式互感器配置的 MU，检查 MU 的零漂，通过低值、高值、不同相位等采样点检查 MU 的精度是否满足技术条件的要求，见表 4.3～表 4.6。

表 4.3 保护用电子式 TA 的准确级

准确级	电流误差（在额定一次电流下）/%	相位差（在额定一次电流下）		复合误差（在额定准确限值一次电流下）/%	最大峰值瞬时误差（在准确限值条件下）/%
		(′)	crad		
5TPE	±1	±60	±1.8	5	10
5P	±1	±60	±1.8	5	—
10P	±3	—	—	10	—

注 crad 为厘弧，1.8crad=60′。

表 4.4 测量用电子式 TA 的准确级 %

准 确 级	电流误差					相位误差				
	额定电流					额定电流				
	1	5	20	100	120	1	5	20	100	120
0.1	—	0.4	0.2	0.1	0.1	—	15	8	5	5
0.2s	0.75	0.35	0.2	0.2	0.2	30	15	10	10	10
0.2	—	0.75	0.35	0.2	0.2	—	30	15	10	10
0.5s	1.5	0.75	0.5	0.5	0.5	90	45	30	30	30
0.5	—	1.5	0.75	0.5	0.5	—	90	45	30	30
1	—	3.0	1.5	1.0	1.0	—	180	90	60	60

准 确 级	电 流 误 差	
	百 分 数 额 定 电 流	
	50	120
3	3	3
5	5	5

表 4.5 保护用电子式 TV 的准确级 %

准确级	电压误差			相位误差		
	额定电压			额定电压		
	2	5	100	2	5	100
3P	6	3	3	240	120	120
6P	12	6	6	480	240	240

表 4.6 　　　　　　　　　　　測量用电子式 TV 的准确级　　　　　　　　　　　　　％

准　确　级	电压误差					相位误差				
	额定电流					额定电流				
	20	50	80	100	120	20	50	80	100	120
3	—	—	—	3	3	无规定				
1	—	—	1.0	1.0	1.0	—	—	40	40	40
0.5	—	—	0.5	0.5	0.5	—	—	20	20	20
0.2	0.4	0.3	0.2	0.2	0.2	20	15	10	10	10
0.1	0.2	0.15	0.1	0.1	0.1	10	7.5	5.0	5.0	5.0

4.1.6.2　检验方法

用继电保护测试仪给 MU 输入额定交流模拟量（电流、电压），读取 MU 输出数值与继电保护测试仪输入数值比较计算精度。

4.1.7　MU 传输延时测试

4.1.7.1　检验内容及要求

该测试针对电磁式互感器配置的 MU，检查 MU 接收交流模拟量到输出交流数字量的时间，要求同电子式互感器采样延时。

4.1.7.2　检验方法

用继电保护测试仪给 MU 输入交流模拟量（电流、电压），通过电子式互感器校验仪或故障录波器同时接收 MU 输出数字信号与继电保护测试仪输出模拟信号，计算 MU 传输延时。

4.1.8　MU 作业指导书

1. 外观及接线检查
1.1　设备铭牌数据

序号	装置型号	生产厂家	序列号	出厂日期	直流电压	额定电压	额定电流
1							

1.2　MU 柜清扫、检查及插件外观检查

序号	检查项目	检查内容	检查结果
1	MU 柜检查	MU 柜的外形应端正，无机械损伤及变形现象；各构成装置应固定良好，无松动现象；各装置端子排的连接应可靠，所置标号应正确、清晰	合格□
2	MU 柜内接线检查	MU 柜内的连接线应牢固、可靠，无松脱、折断；接地点应连接牢固且接地良好，并符合设计要求	合格□
3	MU 柜内屏蔽接地检查	检查保护装置外壳和抗干扰接地铜网连接是否符合要求；检查 MU 柜、端子箱的门和箱体及端子箱的上、下部箱体的连接是否符合要求	合格□

序号	检查项目	检 查 内 容	检查结果
4	MU柜内微型断路器检查	MU柜内的微型断路器特性符合要求，拉合应灵活，合上后接点接触应可靠	合格□
5	MU柜内装置检查	MU柜内的保护装置的各组件应完好无损，其交、直流额定值及辅助电流变换器的参数应与设计一致；各组件应插拔自如、接触可靠，组件上无跳线；组件上的焊点应光滑、无虚焊；复归按钮、电源开关的通断位置应明确且操作灵活；继电器应清洁，无受潮、积尘	合格□
6	MU柜内光纤检查	检查光纤是否连接正确、牢固，有无光纤损坏、弯折现象；检查光纤接头完全旋进或插牢，无虚接现象；检查光纤标号是否正确	合格□

1.3 绝缘电阻检测

序号	测 试 项 目	绝缘电阻/MΩ	备注
1	交流电流回路		
2	交流电压回路		
3	直流电源回路		
4	信号回路		

1.4 逆变电源检查

序号	检验项目	检 验 内 容	检验结果
1	逆变电源自启动性能	直流电源缓慢上升至$80\%U_e$时，装置应能正常工作	合格□
2	直流电源拉合试验	拉合直流电源保护，装置不应误动	合格□
3	装置失电告警检测	装置由通电到断电，失电告警继电器动作	合格□

1.5 通电初步检验

序号	项 目	检 查 结 果
1	装置的通电自检	合格□
2	装置指示灯情况	合格□
3	装置对时检验	合格□

2. 装置版本检查

装置名称	插件名称	版本号	校验码	版本日期	版本比对
SV	SV板1				合格□
	SV板2				合格□
	SV板3				合格□

3. 开关量检验

注：根据实际接线检查。

3.1 检修压板检查

序号	信号名称	装置显示	后台画面显示	备注
1	检修压板合	正确□	正确□	
2	检修压板分	正确□	正确□	

3.2 开入量检查

序号	开入	结果	备注
1	正母隔离开关	正确□	
2	副母隔离开关	正确□	
3	信号复归	正确□	
4			

4. MU 性能检查

序号	测 试 项 目	结论
1	丢帧率测试：检查 SV 报文的丢帧率，查看网络分析仪历史记录	合格□
2	完整性测试：检查 SV 报文采样序号的变化连续性，查看网络分析仪历史记录	合格□
3	采样等间隔离散度检查：采样间隔离散值小于 $10\mu s$，查看网络分析仪历史记录	合格□
4	采样延时检查：最大延时小于 2ms	合格□
5	级联延时检查：多级 MU 同时通入同相模拟量，角差应为零	合格□
6	对时精度检查：装置与标准时钟源对时误差小于 $1\mu s$	合格□

5. 电流、电压输入输出检查

5.1 电流采样及精度检查

通道	$0.1I_n$		I_n		$5I_n$		零漂
	比值差/%	相位差/(′)	比值差/%	相位差/(′)	比值差/%	相位差/(′)	幅值
1　PIA AD1							
2　PIA AD2							
3　PIB AD1							
4　PIB AD2							
5　PIC AD1							
6　PIC AD2							
7　MIA AD1							
8　MIB AD1							
9　MIC AD1							

5.2 电压采样及精度检查

通 道		10V		30V		57.7V/100V		零漂
		比值差/%	相位差/(′)	比值差/%	相位差/(′)	比值差/%	相位差/(′)	幅值
1	UA1 AD1							
2	UA1 AD2							
3	UB1 AD1							
4	UB1 AD2							
5	UC1 AD1							
6	UC1 AD2							
7	UL1 AD1							
8	UL1 AD2							
9	UA1′							
10	UB1′							
11	UC1′							
12	UA2 AD1							
13	UA2 AD2							
14	UB2 AD1							
15	UB2 AD2							
16	UC2 AD1							
17	UC2 AD2							
18	UL2 AD1							
19	UL2 AD2							
20	UA2′							
21	UB2′							
22	UC2′							
...								

6. 电压切换检查

序号	外部采样通道	输入	内部采样	正母隔离开关合位时显示	副母隔离开关合位时显示	正、副母隔离开关合位时显示	正、副母隔离开关分位时显示	备注
1	UA1		UA1 AD1					
2			UA1 AD2					
3	UB1		UB1 AD1					
4			UB1 AD2					
5	UC1		UC1 AD1					
6			UC1 AD2					

序号	外部采样通道	输入	内部采样	正母隔离开关合位时显示	副母隔离开关合位时显示	正、副母隔离开关合位时显示	正、副母隔离开关分位时显示	备注
7	UL1		UC1 AD1					
8			UC1 AD2					
9	UA1′		UA1′					
10	UB1′		UB1′					
11	UC1′		UC1′					
12	UA2		UA2 AD1					
13			UA2 AD2					
14	UB2		UB2 AD1					
15			UB2 AD2					
16	UC2		UC2 AD1					
17			UC2 AD2					
18	UL2		UL2 AD1					
19			UL2 AD2					
20	UA2′		UA2′					
21	UB2′		UB2′					
22	UC2′		UC2′					

7. 后台信号检查

序号	信号名称	后台显示	备注
1	运行异常	合格□	
2	装置故障	合格□	
...			

8. 通信链路检查

序号	装置接口	对侧终端	收信功率	发信功率	结论
1					
2					
3					

9. 试验记录

9.1 使用仪器仪表、试验人员、审核人员和试验日期

序号	仪器仪表名称	型号	编号
试验人员		审核人员	
试验日期			

9.2 试验结论

4.2 智能终端调试

4.2.1 动作时间测试

4.2.1.1 检验内容及要求

检查智能终端响应 GOOSE 命令的动作时间。测试仪发送一组 GOOSE 跳、合闸命令，智能终端应在 7ms 内可靠动作。

4.2.1.2 检验方法

由测试仪分别发送一组 GOOSE 跳、合闸命令，并接收跳、合闸的接点信息，记录报文发送与硬节点输入时间差，测试接线如图 4.4 所示。

4.2.2 传送位置信号测试

4.2.2.1 检验内容及要求

智能终端应能通过 GOOSE 报文准确传送开关位置信息，开入时间应满足技术条件要求。

4.2.2.2 检验方法

通过数字继电保护测试仪分别输出相应的电缆分、合信号给智能终端，再接收智能终端发出的 GOOSE 报文，解析相应的虚端子位置信号，观察是否与实端子信号一致，并通过继电保护测试仪记录开入时间，测试接线如图 4.5 所示。

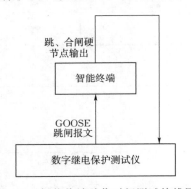

图 4.4 智能终端动作时间测试接线图

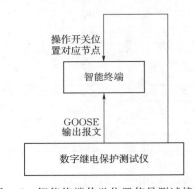

图 4.5 智能终端传送位置信号测试接线图

4.2.3 SOE 分辨率测试

4.2.3.1 检验内容及要求

智能终端的 SOE 分辨率应不大于 1ms。

4.2.3.2 检验方法

使用时钟源给智能终端对时，同时将 GPS 对时信号接到智能终端的开入，通过 GOOSE 报文观察智能终端发送的 SOE。

4.2.4 检修测试

4.2.4.1 检验内容及要求

智能终端检修置位时，发送的 GOOSE 报文 Test 应为 1，应响应 Test 为 1 的 GOOSE 跳、合闸报文，不响应 Test 为 0 的 GOOSE 跳、合闸报文。

4.2.4.2 检验方法

投退智能终端检修压板，察看智能终端发送的 GOOSE 报文，同时由测试仪分别发送 Test 为 1 和 Test 为 0 的 GOOSE 跳、合闸报文。

4.2.5 智能终端作业指导书

1. 外观及接线检查

1.1 设备铭牌数据

序号	装置型号	生产厂家	序列号	出厂日期	直流电压	额定电压	额定电流
1							

1.2 智能终端屏清扫、检查及插件外观检查

序号	检查项目	检 查 内 容	检查结果
1	智能终端屏检查	智能终端屏的外形应端正，无机械损伤及变形现象；各构成装置应固定良好，无松动现象；各装置端子排的连接应可靠，所置标号应正确、清晰	合格□
2	智能终端屏内接线检查	智能终端屏内的连接线应牢固、可靠，无松脱、折断；接地点应连接牢固且接地良好，并符合设计要求	合格□
3	智能终端屏内屏蔽接地检查	检查智能终端装置外壳和抗干扰接地铜网连接是否符合要求，检查智能终端屏、端子箱的门和箱体及端子箱的上、下部箱体的连接是否符合要求	合格□
4	智能终端屏内微型断路器检查	智能终端屏内的微型断路器特性符合要求，拉合应灵活，合上后接点接触应可靠	合格□
5	智能终端屏内装置检查	智能终端屏内的智能终端装置的各组件应完好无损，其交、直流额定值及辅助电流变换器的参数应与设计一致；各组件应插拔自如、接触可靠，组件上无跳线；组件上的焊点应光滑、无虚焊；复归按钮、电源开关的通断位置应明确且操作灵活；继电器应清洁，无受潮、积尘	合格□
6	智能终端屏内光纤检查	检查光纤是否连接正确、牢固，有无光纤损坏、弯折现象；检查光纤接头完全旋进或插牢，无虚接现象；检查光纤标号是否正确	合格□

1.3 绝缘电阻检测

序号	测 试 项 目	绝 缘 电 阻/MΩ	备注
1	直流电源回路		
2	信号回路		
3	控制回路		

1.4 逆变电源检查

序号	检查项目	要　　求	检查结果
1	逆变电源自启动性能	直流电源缓慢上升至 80% U_e 时，装置应能正常工作	合格□
2	直流电源拉合试验	拉合直流电源保护，装置不应误动	合格□
3	装置失电告警检测	装置由通电到断电，失电告警继电器动作	合格□

1.5 通电初步检验

序　号	项　　目	检查结果
1	装置的通电自检	合格□
2	装置指示灯情况	合格□
3	装置对时检验	合格□

2. 装置版本检查

根据实际调整表格；版本需与最新版本文件及历史试验报告比对。

装置名称	插件名称	版本号	检验码	版本日期	版本比对
GOOSE	GOOSE板1				合格□
	GOOSE板2				合格□
	GOOSE板3				合格□

3. 开入量检查

根据虚端子实际接线检查。

3.1 检修压板检查

序号	信号名称	装置显示	后台画面显示	备注
1	检修压板合			
2	检修压板分			
...				

3.2 其他开入检查

序号	信号名称	装置显示	后台画面显示	备注
1	信号复归			
...				

3.3 GOOSE 发送

序号		信号名称	保护显示	备注
本间隔保护	1	断路器 A 相分位		
	2	断路器 B 相分位		
	3	断路器 C 相分位		
	4	压力低闭锁重合闸		
	5	闭锁重合闸		
	6	合后继电器动作		
	7	智能终端装置检修		
母差保护	1	正母隔离开关位置		
	2	副母隔离开关位置		
	3			
	4			
MU	1	正母隔离开关位置		
	2	副母隔离开关位置		
	3			
	4			
其他保护	1	断路器位置		

4. GOOSE 数据集接收及出口检查

结合保护校验的动作时间只需测试整组动作时间。

4.1 本间隔保护 GOOSE 接收及出口

序号	输入接口	出口类别	硬压板对应关系检查	智能终端动作情况及时间	结论
1	直跳口	A 相跳闸	投入/退出		合格□
2		B 相跳闸	投入/退出		合格□
3		C 相跳闸	投入/退出		合格□
4		永跳出口	投入/退出		合格□
5		A 相合闸	投入/退出		合格□
6		B 相合闸	投入/退出		合格□
7		C 相合闸	投入/退出		合格□
8	组网口	A 相跳闸	投入/退出	不动□	合格□
9		B 相跳闸	投入/退出	不动□	合格□
10		C 相跳闸	投入/退出	不动□	合格□
11		永跳出口	投入/退出	不动□	合格□
12		A 相合闸	投入/退出	不动□	合格□
13		B 相合闸	投入/退出	不动□	合格□
14		C 相合闸	投入/退出	不动□	合格□

4.2 其他保护 GOOSE 接收及出口

序号	出口类别	硬压板对应关系检查	智能终端动作时间	结论
1	母差保护三跳	—		合格□
2				

5. 后台信息检查
告警接点检查

序号	名称	后台画面显示	备　注
1	运行异常	合格□	
2	装置故障	合格□	

6. 直流量测试

序号	名称	正式命名	现场实测	后台显示	结论
1	直流测量1	柜内温度			合格□
2	直流测量2	柜内湿度			合格□
3	直流测量3				合格□
4	直流测量4				合格□

7. 通信链路检查
根据实际光纤填写。

序号	装置接口	对侧终端	收信功率	发信功率	结论
1					
2					
3					

8. 试验记录
使用仪器仪表、试验人员、审核人员和试验日期。

序号	仪器仪表名称	型号	编号
试验人员		审核人员	
试验日期			

9. 试验结论

4.3 数字化保护装置调试

4.3.1 交流量精度检查

4.3.1.1 检验内容及要求

（1）零点漂移检查。模拟量输入的保护装置零点漂移应满足装置技术条件的要求。

（2）各电流、电压输入的幅值和相位精度检验。检查各通道采样值的幅值、相角和频率的精度误差，满足技术条件的要求。

（3）同步性能测试。检查保护装置对不同间隔电流、电压信号的同步采样性能，满足技术条件的要求。

4.3.1.2 检验方法

通过继电保护测试仪向保护装置输入电流电压值。

（1）零点漂移检查。保护装置不输入交流电流、电压量，观察装置在一段时间内的零漂值满足要求。

（2）各电流、电压输入的幅值和相位精度检验。按说明书规定的试验方法，分别输入不同幅值和相位的电流、电压量，检查各通道采样值的幅值、相角和频率的精度误差。

（3）同步性能测试。通过继电保护测试仪加几个间隔的电流、电压信号给保护，观察保护的同步性能。

4.3.2 采样值品质位无效测试

4.3.2.1 检验内容及要求

（1）采样值无效标识累计数量或无效频率超过保护允许范围，可能误动的保护功能应瞬时可靠闭锁，与该异常无关的保护功能应正常投入，采样值恢复正常后被闭锁的保护功能应及时开放。

（2）采样值数据标识异常应有相应的掉电不丢失的统计信息，装置应采用瞬时闭锁延时告警方式。

4.3.2.2 检验方法

通过数字继电保护测试仪按不同的频率将采样值中部分数据品质位设置为无效，模拟 MU 发送采样值出现品质位无效的情况，测试接线如图 4.6 所示。

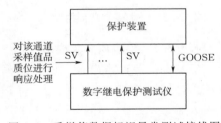

图 4.6 采样值数据标识异常测试接线图

4.3.3 通信断续测试

4.3.3.1 检验内容及要求

1. MU 与保护装置之间的通信断续测试

（1）MU 与保护装置之间 SV 通信中断后，保护装置应可靠闭锁，保护装置液晶面板应提示"SV 通信中断"且告警灯亮，同时后台应接收到"SV 通信中断"告警信号。

（2）在通信恢复后，保护功能应恢复正常，保护区内故障保护装置可靠动作并发送跳闸报文，区外故障保护装置不应误动，保护装置液晶面板的"SV 通信中断"告警消失，同时后台的"SV 通信中断"告警信号消失。

2. 智能终端与保护装置之间的通信断续测试

（1）保护装置与智能终端的 GOOSE 通信中断后，保护装置不应误动作，保护装置液晶面板应提示"GOOSE 通信中断"且告警灯亮，同时后台应接收到"GOOSE 通信中断"告警信号。

（2）当保护装置与智能终端的 GOOSE 通信恢复后，保护装置不应误动作，保护装置液晶面板的"GOOSE 通信中断"消失，同时后台的"GOOSE 通信中断"告警信号消失。

4.3.3.2 检验方法

通过数字继电保护测试仪模拟 MU 与保护装置及保护装置与智能终端之间通信中断、通信恢复，并在通信恢复后模拟保护区内外故障，测试接线如图 4.7 所示。

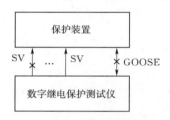

图 4.7　通信断续测试接线图

4.3.4　采样值传输异常测试

4.3.4.1　检验内容

采样值传输异常导致保护装置接收采样值通信延时、MU 间采样序号不连续、采样值错序及采样值丢失数量超过保护设定范围，相应保护功能应可靠闭锁，以上异常未超出保护设定范围或恢复正常后，保护区内故障保护装置可靠动作并发送跳闸报文，区外故障保护装置不应误动。

4.3.4.2　检验方法

通过数字继电保护测试仪调整采样值数据发送延时、采样值序号等方法模拟保护装置接收采样值抖动大于 $10\mu s$、MU 间采样序号不连续、采样值错序及采样值丢失等异常情况，并模拟保护区内外故障。测试接线如图 4.8 所示。

4.3.5　检修状态测试

4.3.5.1　检验内容及要求

（1）保护装置输出报文的检修品质应能正确反映保护装置检修压板的投退。保护装置检修压板投入后，发送的 MMS 和 GOOSE 报文检修品质应置位，同时面板应有显示；保护装置检修压板打开后，发送的 MMS 和 GOOSE 报文检修品质应不置位，同时面板应有显示。

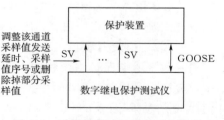

图 4.8　采样值传输异常测试接线图

（2）输入的 GOOSE 信号检修品质与保护装置检修状态不对应时，保护装置应正确处理该 GOOSE 信号，同时不影响运行设备的正常运行。

（3）在测试仪与保护检修状态一致的情况下，保护动作行为正常。

（4）输入的 SV 报文检修品质与保护装置检修状态不对应时，保护应告警并闭锁。

4.3.5.2 检验方法

（1）通过投退保护装置检修压板控制保护装置 GOOSE 输出信号的检修品质，通过抓包报文分析确定保护发出 GOOSE 信号的检修品质的正确性，测试接线如图 4.9 所示。

（2）通过数字继电保护测试仪控制输入给保护装置的 SV 和 GOOSE 信号检修品质。

4.3.6 软压板检查

4.3.6.1 检查内容

检查设备的软压板设置是否正确，软压板功能是否正常。软压板包括 SV 接收软压板、GOOSE 接收/出口压板、保护元件功能压板等。

4.3.6.2 检查方法

（1）SV 接收软压板检查。通过数字继电保护测试仪输入 SV 信号给设备，投入 SV 接收软

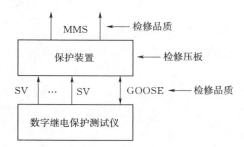

图 4.9　GOOSE 检修状态测试接线图

压板，设备显示 SV 数值精度应满足要求；退出 SV 接收软压板，设备显示 SV 数值应为 0，无零漂。

（2）GOOSE 开入软压板检查。通过数字继电保护测试仪输入 GOOSE 信号给设备，投入 GOOSE 接收压板，设备显示 GOOSE 数据正确；退出 GOOSE 开入软压板，设备不处理 GOOSE 数据。

（3）GOOSE 输出软压板检查。投入 GOOSE 输出软压板，设备发送相应 GOOSE 信号；退出 GOOSE 输出软压板，模拟保护元件动作，应该监视到正确的相应保护未跳闸的 GOOSE 报文。

（4）保护元件功能及其他压板。投入/退出相应软压板，结合其他试验检查压板投退效果。

4.3.7 开入开出端子信号检查

4.3.7.1 检查内容

检查开入开出实端子是否正确显示当前状态。

4.3.7.2 检查方法

根据设计图纸，投退各个操作按钮、把手、硬压板，查看各个开入开出量状态。

4.3.8 虚端子检查

4.3.8.1 检查内容

检查设备的虚端子（SV/GOOSE）是否按照设计图纸正确配置。

4.3.8.2 检查方法

（1）通过数字继电保护测试仪加输入量或通过模拟开出功能使保护设备发出 GOOSE 开出虚端子信号，抓取相应的 GOOSE 发送报文分析或通过保护测试仪接收相应 GOOSE

开出，以判断 GOOSE 虚端子信号是否能正确发送。

（2）通过数字继电保护测试仪发出 GOOSE 开出信号，通过待测保护设备的面板显示来判断 GOOSE 虚端子信号是否能正确接收。

（3）通过数字继电保护测试仪发出 SV 信号，通过待测保护设备的面板显示来判断 SV 虚端子信号是否能正确接收。

4.3.9 保护 SOE 报文的检查

4.3.9.1 检查内容
检查上送到变电站后台和调度端的保护装置动作、告警报文是否正确。

4.3.9.2 检查方法
传动继电保护动作，在变电站后台和调度端读取继电保护装置报文的时标和内容是否与继电保护装置发出的报文一致，应注意要采用传动继电保护动作逐一发出单个报文进行检查。

4.3.10 整定值的整定及检验

4.3.10.1 检查内容
检查设备的定值设置，以及相应的保护功能和安全自动功能是否正常。

4.3.10.2 检查方法
设置好设备的定值，通过测试系统给设备加入电流、电压量，观察设备面板显示和保护测试仪显示，记录设备动作情况和动作时间。

4.3.11 线路保护作业指导书

具体测试内容如下：

（1）SV 回路整体检查。对于传统互感器，利用传统校验仪对间隔 MU 和母线 MU 直接加量，检查本间隔所有保护值、测量值正确性；对于电子式互感器，先用测试仪对模拟器进行加量，然后经过光纤连接到相应 MU，检查本间隔所有保护值、测量值正确性。额定值时采样精度要求，电压、电流为 0.2 级；功率为 0.5 级。

（2）遥信、跳闸整体回路检查（应带一次设备进行调试）。从根部模拟各种遥信、闭锁等信号输入，检查装置接收是否收到相应开入；由装置或后台模拟所有跳闸、遥控、闭锁等信号，检查相应智能终端装置硬开出接点是否连通。检查跨间隔的各种开入量 GOOSE 信息（启动失灵至母线保护、母线保护动作启动远跳、母线动作跳闸闭锁重合闸等开入量）。

（3）保护逻辑检查。检查本间隔保护装置逻辑功能的正确性。

（4）TV 切换和并列功能检查。按照设计要求，通过硬开入或 GOOSE 开入给 MU 提供本间隔相应的隔离开关位置，检查 MU 切换和并列逻辑正确。

（5）监控系统信号检查。检查线路分系统上送至监控系统信号的正确性。

（6）故障录波器信号检查。检查故障录波器接收信号的正确性。

（7）网络分析仪信号检查。检查网络分析仪接收信号的正确性。

1. 外观及接线检查

1.1 设备铭牌数据

序号	装置型号	生产厂家	序列号	出厂日期	直流电压	额定电压	额定电流
1							

1.2 保护屏清扫、检查及插件外观检查

序号	检查项目	检查内容	检查结果
1	保护屏检查	保护屏的外形应端正，无机械损伤及变形现象；各构成装置应固定良好，无松动现象；各装置端子排的连接应可靠，所置标号应正确、清晰	合格□
2	保护屏内接线检查	保护屏内的连接线应牢固、可靠，无松脱、折断；接地点应连接牢固且接地良好，并符合设计要求	合格□
3	保护屏内屏蔽接地检查	检查保护装置外壳和抗干扰接地铜网连接是否符合要求；检查保护、端子箱的门和箱体及端子箱的上、下部箱体的连接是否符合要求	合格□
4	保护屏内微型断路器检查	保护屏内的微型断路器符合要求、拉合应灵活，合上后接点接触应可靠	合格□
5	保护屏内装置检查	保护屏内的保护装置的各组件应完好无损，其交、直流额定值及辅助电流变换器的参数应与设计一致；各组件应插拔自如、接触可靠，组件上无跳线；组件上的焊点应光滑、无虚焊；复归按钮、电源开关的通断位置应明确且操作灵活；继电器应清洁，无受潮、积尘	合格□
6	保护屏内光纤检查	检查光纤是否连接正确、牢固，有无光纤损坏、弯折现象；检查光纤接头完全旋进或插牢，无虚接现象；检查光纤标号是否正确	合格□

1.3 绝缘检测

序号	检测项目	绝缘电阻/MΩ	备注
1	直流电源回路		
2	信号回路		

1.4 电源检查

序号	检验项目	检验内容	检验结果
1	逆变电源自启动性能	直流电源缓慢上升至$80\%U_e$时，装置应能正常工作	合格□
2	直流电源拉合试验	拉合直流电源保护，装置不应误动	合格□
3	装置失电告警检测	装置由通电到断电，失电告警继电器动作	合格□

1.5 通电初步检验

序号	项　　目	检 查 结 果
1	保护装置的通电自检	合格□
2	按键检验	合格□
3	后台打印机与保护装置的联机试验	合格□
4	时钟的整定与校核	合格□
5	定值修改及固化功能检验	合格□
6	整定值失电保护功能检验	合格□
7	装置对时检验	合格□

2. 装置版本

根据实际调整表格；版本需与省调发布可用版本对应。

保护名称	插件名称	版本号	校验码	版本日期	版本核对
保护装置	保护板				合格□
	管理板				合格□
	面板				合格□
GOOSE 版本	GOOSE 板 1				合格□
	GOOSE 板 2				合格□
	GOOSE 板 3				合格□
SV 版本信息	SV 板 1				合格□
	SV 板 2				合格□
	SV 板 3				合格□

3. 开入量检验
3.1 开入量检查

开入名称	开入情况	结果	备注
信号复归	合/开	合格□	常规开入

3.2 硬压板检查

压板名称	压板情况	后台显示	结果
检修压板	投入/退出	正确□	合格□
远方控制压板	投入/退出	正确□	合格□

4. 采样通道检查

通道检查时应不同通道、不同幅值验证通道，用模拟量加入。

	项目通道	零漂幅值	加入量	相关保护显示值
1	PIA – AD1		$0.2I_n$	
2	PIA – AD2		$0.2I_n$	
3	PIB – AD1		$0.4I_n$	
4	PIB – AD2		$0.4I_n$	
5	PIC – AD1		$0.6I_n$	
6	PIC – AD2		$0.6I_n$	
7	MIA – AD1		$0.2I_n$	
8	MIB – AD1		$0.4I_n$	
9	MIC – AD1		$0.6I_n$	
10	PUA – AD1		20V	
11	PUA – AD2		20V	
12	PUB – AD1		40V	
13	PUB – AD2		40V	
14	PUC – AD1		60V	
15	PUC – AD2		60V	
16	PUX – AD1		100V	

5. 保护定值校验

根据具体保护确定。

5.1 差动保护

定值名称	整定值	模拟故障相别	动作值/A	动作时间/ms	95%整定值动作情况	105%整定值动作情况	备注
差动动作电流定值		A相接地					

5.2 距离保护

定值名称	整定值	模拟故障相别	动作值/A	动作时间/ms	95%整定值动作情况	105%整定值动作情况	备注
接地距离Ⅰ定值		A相接地					
相间距离Ⅰ定值		BC相间					

5.3 零序保护

定值名称	整定值	模拟故障相别	动作值/A	动作时间/ms	95%整定值动作情况	105%整定值动作情况	备注
零序过流Ⅱ段		C相接地					

5.4 重合闸

定值名称	整定值	动作值	动作时间	备注
重合闸时间				

6. 整组试验

开关联动试验。

试验仪加量，以实际传动开关为准。

试验内容	智能终端各出口接点			
	A	B	C	重合闸
差动（A相接地故障）	动作□	动作□	动作□	动作□
接地距离Ⅰ（B相）	动作□	动作□	动作□	动作□
相间距离Ⅰ（BC相）	动作□	动作□	动作□	动作□
零序过流Ⅱ（C相）	动作□	动作□	动作□	动作□
重合闸	动作□	动作□	动作□	动作□

7. 其他相关试验

检测项目	试验结果	备 注
远方调取、打印定值并核对	合格□	定值内容及格式与装置相符合，与整定单一致
保护动作信号后台核对	合格□	
装置硬接点信号测试	合格□	

8. 联调试验

将两侧装置经光纤正确连接，控制字"主机方式"按照整定书整定。将控制字"通道自环试验"置0，整定完毕后若通道正常，则两侧的"运行"灯应亮，"通道异常"灯不亮。

8.1 通道测试

测 试 项 目	实 测 值
收信功率	
发信功率	

8.2 通道状态检查

通道状态项目	显 示 结 果
通道延时	
误帧总数	
报文异常数	
丢帧总数	
对侧异常数	
严重误帧秒	
失步次数	

9. 通信链路检查

序号	装置接口	对侧终端	收信功率	发信功率	结论
1					
2					
3					

10. 试验记录

10.1 使用仪器仪表、试验人员、审核人员和试验日期

序 号	仪器仪表名称	型 号	编 号
试验人员		审核人员	
试验日期			

10.2 试验结论

4.3.12 母线保护作业指导书

具体测试内容如下：

（1）各间隔 SV 回路整体检查。对于传统互感器，利用传统校验仪对各间隔 MU 和母线 MU 直接加量，检查各间隔所有保护采样的正确性；对于电子式互感器，先用测试仪对模拟器进行加量，然后经过光纤连接到相应 MU，检查各间隔所有保护采样值的正确性。检查母线各支路相对于母线电压相角的正确性。额定值时采样精度要求，电压、电流为 0.2 级；功率为 0.5 级。

（2）遥信、跳闸整体回路检查（应带一次设备调试）。从根部模拟各种遥信、闭锁等信号输入，检查接收装置是否收到相应开入；由装置或后台模拟所有跳闸、遥控、闭锁等信号，检查相应智能终端装置硬开出接点是否连通。检查跨间隔的各种开入量 GOOSE 信息（各间隔启动失灵至母线保护、母线保护动作启动远跳至各线路间隔、母线动作跳闸闭锁重合闸、母线失灵保护解除复压闭锁、失灵动作跳主变三侧等开入量）。

（3）保护逻辑检查。检查本间隔保护装置逻辑功能的正确性。

（4）TV 切换和并列功能检查。按照设计要求，通过硬开入或 GOOSE 开入给 MU 提供本间隔相应的隔离开关位置，检查 MU 切换和并列逻辑正确。

（5）监控系统信号检查。检查上送至监控系统信号的正确性。

（6）故障录波器信号检查。检查故障录波器接收信号的正确性。

（7）网络分析仪信号检查。检查网络分析仪接收信号的正确性。

1. 外观及接线检查

1.1 设备铭牌数据

序号	装置型号	生产厂家	序列号	出厂日期	直流电压	额定电压	额定电流
1							

1.2 保护屏清扫、检查及插件外观检查

序号	检查项目	检查内容	检查结果
1	保护屏检查	保护屏的外形应端正，无机械损伤及变形现象；各构成装置应固定良好，无松动现象；各装置端子排的连接应可靠，所置标号应正确、清晰	合格□
2	保护屏内接线检查	保护屏内的连接线应牢固、可靠，无松脱、折断；接地点应连接牢固且接地良好，并符合设计要求	合格□
3	保护屏内屏蔽接地检查	检查保护装置外壳和抗干扰接地铜网连接是否符合要求，检查保护屏、端子箱的门和箱体及端子箱的上、下部箱体的连接是否符合要求	合格□
4	保护屏内微型断路器检查	保护屏内的微型断路器性能符合要求，拉合应灵活，合上后接点接触应可靠	合格□
5	保护屏内装置检查	保护屏内的保护装置的各组件应完好无损，其交、直流额定值及辅助电流变换器的参数应与设计一致；各组件应插拔自如、接触可靠，组件上无跳线；组件上的焊点应光滑、无虚焊；复归按钮、电源开关的通断位置应明确且操作灵活；继电器应清洁，无受潮、积尘	合格□
6	保护屏内光纤检查	检查光纤是否连接正确、牢固，有无光纤损坏、弯折现象；检查光纤接头完全旋进或插牢，无虚接现象；检查光纤标号是否正确	合格□

1.3 绝缘检测

序号	检测项目	绝缘电阻/MΩ	备注
1	直流电源回路		
2	信号回路		

1.4 电源检查

序号	检验项目	检验内容	检验结果
1	逆变电源自启动性能	直流电源缓慢上升至 $80\%U_e$ 时，装置应能正常工作	合格□
2	直流电源拉合试验	拉合直流电源保护，装置不应误动	合格□
3	装置失电告警检测	装置由通电到断电，失电告警继电器动作	合格□

1.5 通电初步检验

序 号	项 目	检 查 结 果
1	保护装置的通电自检	合格□
2	按键检验	合格□
3	后台打印机与保护装置的联机试验	合格□
4	时钟的整定与校核	合格□
5	定值修改及固化功能检验	合格□
6	整定值失电保护功能检验	合格□
7	装置对时检验	合格□

2. 装置版本

根据实际调整表格；版本需与最新版本文件及历史试验报告比对。

保护名称	插件名称	版本号	校验码	版本日期	版本比对
保护装置	保护板				合格□
	管理板				合格□
	面板				合格□
GOOSE 版本	GOOSE 板 1				合格□
	GOOSE 板 2				合格□
	GOOSE 板 3				合格□
SV 版本信息	SV 板 1				合格□
	SV 板 2				合格□
	SV 板 3				合格□

3. 开入量检查
3.1 开入检查

开入名称	开入情况	结果	备注
信号复归	合/开	合格□	常规开入

3.2 硬压板检查

压板名称	压板情况	后台显示	结果
检修压板	投入/退出	正确□	合格□
远方控制压板	投入/退出	正确□	合格□

4. 保护定值校验及开关联动

定值名称	模拟故障相别	保护动作情况	相关开关动作情况
母差保护电流定值_____	A 相	正确□	
充电保护电流定值_____ 充电保护时间_____	B 相	正确□	
母联过流保护电流定值_____ 母联过流保护时间_____	C 相	正确□	
母联分段失灵电流定值_____ 母联分段失灵时间_____	A 相	正确□	
死区保护电流定值_____ 死区保护时间_____	B 相	正确□	
失灵保护电流定值_____ 失灵保护时间_____	C 相	正确□	
TA 断线告警定值_____	—	正确□	
TA 断线闭锁定值_____	—	正确□	

5. 其他相关试验

检测项目	试验结果	备 注
远方调取、打印定值并核对	正确□	定值内容及格式与装置相符合，与整定单一致
保护动作信号后台核对	正确□	
装置硬接点信号测试	正确□	

6. 通信链路检查

序号	装置接口	对侧终端	收信功率	发信功率	结论
1					
2					

7. 试验记录

7.1　使用仪器仪表、试验人员、审核人员和试验日期

序号	仪器仪表名称	型号	编号
试验人员		审核人员	
试验日期			

7.2　试验结论

4.3.13　主变保护作业指导书

具体测试内容如下：

（1）SV 回路整体检查。对于传统互感器，利用传统校验仪对间隔 MU 和母线 MU 直接加量，检查本间隔所有保护值、测量值正确性，检查保护各侧采样值相角正确性；对于电子式互感器，先用测试仪对模拟器进行加量，然后经过光纤连接到相应 MU，检查本间隔所有保护值、测量值正确性，检查保护各侧采样值相角正确性。额定值时采样精度要求，电压、电流为 0.2 级；功率为 0.5 级。

（2）遥信、跳闸整体回路检查（应带一次设备进行调试）。从根部模拟各种遥信、闭锁等信号输入，检查接收装置是否收到相应开入；由装置或后台模拟所有跳闸、遥控、闭锁等信号，检查相应智能终端装置硬开出接点是否连通。检查跨间隔的各种开入量 GOOSE 信息（启动失灵至母线保护、母线失灵动作联跳三侧、解除复压闭锁等开入量）。

（3）保护逻辑检查。检查本间隔保护装置逻辑功能的正确性。

（4）TV 切换和并列功能检查。按照设计要求，通过硬开入或 GOOSE 开入给 MU 提供本间隔相应的隔离开关位置，检查 MU 切换和并列逻辑正确。

（5）监控系统信号检查。检查主变分系统各设备上送至监控系统信号的正确性。

（6）故障录波器信号检查。检查故障录波器接收主变分系统各设备信号的正确性。

（7）网络分析仪信号检查。检查网络分析仪接收主变分系统各设备信号的正确性。

1.　外观及接线检查

1.1　设备铭牌数据

序号	装置型号	生产厂家	序列号	出厂日期	直流电压	额定电压	额定电流
1							

1.2　保护屏清扫、检查及插件外观检查

序号	检查项目	检查内容	检查结果
1	保护屏检查	保护屏的外形应端正，无机械损伤及变形现象；各构成装置应固定良好，无松动现象；各装置端子排的连接应可靠，所置标号应正确、清晰	合格□

序号	检查项目	检 查 内 容	检查结果
2	保护屏内接线检查	保护屏内的连接线应牢固、可靠,无松脱、折断;接地点应连接牢固且接地良好,并符合设计要求	合格□
3	保护屏内屏蔽接地检查	检查保护装置外壳和抗干扰接地铜网连接是否符合要求;检查保护屏、端子箱的门和箱体及端子箱的上、下部箱体的连接是否符合要求	合格□
4	保护屏内微型断路器检查	保护屏内的微型断路器特性符合要求,拉合应灵活,合上后接点接触应可靠	合格□
5	保护屏内装置检查	保护屏内的保护装置的各组件应完好无损,其交、直流额定值及辅助电流变换器的参数应与设计一致;各组件应插拔自如、接触可靠,组件上无跳线;组件上的焊点应光滑、无虚焊;复归按钮、电源开关的通断位置应明确且操作灵活;继电器应清洁,无受潮、积尘	合格□
6	保护屏内光纤检查	检查光纤是否连接正确、牢固,有无光纤损坏、弯折现象;检查光纤接头完全旋进或插牢,无虚接现象;检查光纤标号是否正确	合格□

1.3 绝缘检测

序号	检测项目	绝缘电阻/MΩ	备 注
1	直流电压回路		
2	信号回路		

1.4 电源检查

序号	检验项目	检验内容	检验结果
1	逆变电源自启动性能	直流电源缓慢上升至80%U_e时,装置应能正常工作	合格□
2	直流电源拉合试验	拉合直流电源保护,装置不应误动	合格□
3	装置失电告警检测	装置由通电到断电,失电告警继电器动作	合格□

1.5 通电初步检验

序号	项 目	检 查 结 果
1	保护装置的通电自检	合格□
2	按键检验	合格□
3	后台打印机与保护装置的联机试验	合格□
4	时钟的整定与校核	合格□
5	定值修改及固化功能检验	合格□
6	整定值失电保护功能检验	合格□
7	装置对时检验	合格□

2. 装置版本检查

根据实际调整表格；版本需与省调发布可用版本对应。

保护名称	插件名称	版本号	校验码	版本日期	版本核对
保护装置	保护板				合格□
	管理板				合格□
	面板				合格□
GOOSE 版本	GOOSE 板 1				合格□
	GOOSE 板 2				合格□
	GOOSE 板 3				合格□
SV 版本信息	SV 板 1				合格□
	SV 板 2				合格□
	SV 板 3				合格□

3. 开入量检验
3.1 开入量检查

开入名称	开入情况	结果	备注
信号复归	合/开	合格□	常规开入

3.2 硬压板检查

压板名称	压板情况	后台显示	结果
检修压板	投入/退出	正确□	合格□
远方控制压板	投入/退出	正确□	合格□

4. 采样通道检查

通道检查时应不同通道不同幅值验证通道，用模拟量加入。

4.1 高压侧 MU 通道检查

	项目通道	零漂幅值	加入量	相关保护显示值
1	PIA – AD1		$0.2I_n$	
2	PIA – AD2		$0.2I_n$	
3	PIB – AD1		$0.4I_n$	
4	PIB – AD2		$0.4I_n$	
5	PIC – AD1		$0.6I_n$	
6	PIC – AD2		$0.6I_n$	
7	PUA – AD1		20V	
8	PUA – AD2		20V	
9	PUB – AD1		40V	
10	PUB – AD2		40V	
11	PUC – AD1		60V	
12	PUC – AD2		60V	

4.2   中压侧 MU 通道检查

	项目通道	零漂幅值	加入量	相关保护显示值
1	PIA – AD1		$0.2I_n$	
2	PIA – AD2		$0.2I_n$	
3	PIB – AD1		$0.4I_n$	
4	PIB – AD2		$0.4I_n$	
5	PIC – AD1		$0.6I_n$	
6	PIC – AD2		$0.6I_n$	
7	PUA – AD1		20V	
8	PUA – AD2		20V	
9	PUB – AD1		40V	
10	PUB – AD2		40V	
11	PUC – AD1		60V	
12	PUC – AD2		60V	

4.3   低压侧 MU 通道检查

	项目通道	零漂幅值	加入量	相关保护显示值
1	PIA – AD1		$0.2I_n$	
2	PIA – AD2		$0.2I_n$	
3	PIB – AD1		$0.4I_n$	
4	PIB – AD2		$0.4I_n$	
5	PIC – AD1		$0.6I_n$	
6	PIC – AD2		$0.6I_n$	
7	PUA – AD1		20V	
8	PUA – AD2		20V	
9	PUB – AD1		40V	
10	PUB – AD2		40V	
11	PUC – AD1		60V	
12	PUC – AD2		60V	

4.4   本体 MU 通道检查

	项目通道	零漂幅值	加入量	相关保护显示值
1	高间隙 – AD1		$0.2I_n$	
2	高间隙 – AD2		$0.2I_n$	
3	高零序 – AD1		$0.4I_n$	
4	高零序 – AD2		$0.4I_n$	

	项目通道	零漂幅值	加入量	相关保护显示值
5	中间隙–AD1		$0.6I_n$	
6	中间隙–AD2		$0.6I_n$	
7	中零序–AD1		$0.8I_n$	
8	中零序–AD2		$0.8I_n$	

5. 定值检验

5.1 差动保护

5.1.1 平衡系数计算

项 目	高压侧	中压侧	低压侧	备注
变压器容量				
变压器接线方式				
变压器接线方式控制字				
一次额定电压				
各侧 TA 变比整定值				
变压器一次额定电流 I_{1n}				
变压器二次额定电流 I_{2n}				
平衡系数 K_{PH}				

5.1.2 比率制动特性试验

定值名称	整定值	模拟故障相别	动作值	动作时间	95%整定值动作情况	105%整定值动作情况	备注
差动动作定值		高 A			动作/不动作	动作/不动作	

5.1.3 差动速断定值测试

定值名称	整定值	模拟故障相别	动作值	动作时间	95%整定值动作情况	105%整定值动作情况	备注
纵差差动速断电流定值		中 B			动作/不动作	动作/不动作	

5.2 后备保护

定值名称	整定值	模拟故障相别	动作值	动作时间	95%整定值动作情况	105%整定值动作情况
高复压过流 I 段定值		A		—		
高零序过流 I 段定值		B		—		
中复压过流 I 段定值		C				
中零序过流 I 段定值		A				
低复压过流 II 段 1 时限		B				
低零序过流定值		C				

6. 保护整组试验

6.1 开关联动试验

试验仪加量，以实际传动开关为准。

保护名称	各出口接点						
	跳高压侧进线开关	跳高压侧母分开关	闭锁高压侧备自投	跳中压侧开关	闭锁中压侧备自投	跳低压侧开关	闭锁低压侧备自投
主保护							
高后备							
中后备							
低后备							

6.2 出口矩阵核对

打印装置定值，核对出口矩阵与整定单一致。

7. 其他相关试验

检测项目	试验结果	备注
远方调取、打印定值并核对	合格□	定值内容及格式与装置相符合，与整定单一致
保护动作信号后台核对	合格□	
装置硬接点信号测试	合格□	

8. 通信链路检查

序号	装置接口	对侧终端	收信功率	发信功率	最小接收功率	结论
1						
2						
3						
4						

9. 试验记录

9.1 使用仪器仪表、试验人员、审核人员和试验日期

序号	仪器仪表名称	型号	编号
试验人员		审核人员	
试验日期			

9.2 试验结论

4.4 网络设备测试

4.4.1 交换机检验

4.4.1.1 配置文件检查

1. 检验内容及要求

检查交换机的配置文件,是否变更。

2. 检验方法

读取交换机的配置文件与历史文件比对。

4.4.1.2 以太网端口检查

1. 检验内容及要求

检查交换机以太网端口设置、速率、镜像是否正确。

2. 检验方法

(1) 通过便携式电脑读取交换机端口设置。

(2) 通过便携式电脑以太网抓包工具检查端口各种报文的流量是否与设置相符。

4.4.1.3 生成树协议检查

1. 检验内容及要求

检查交换机内部的生成树协议是否与要求一致。

2. 检验方法

通过读取交换机生成树协议配置的方法进行检查,根据要求进行检查。

4.4.1.4 VLAN 设置检查

1. 检验内容及要求

检查交换机内部的 VLAN 设置是否与要求一致。

2. 检验方法

(1) 通过客户端工具或者任何可以发送带 VLAN 标记报文的工具,从交换机的各个口输入 GOOSE 报文,检查其他端口的报文输出。

(2) 通过读取交换机 VLAN 配置的方法进行检查。

4.4.1.5 网络流量检查

1. 检验内容及要求

检查交换机的网络流量是否符合技术要求。

2. 检验方法

通过网络记录分析仪或便携式电脑读取交换机的网络流量。过程层网络根据 VLAN 划分选择交换机端口读取网络流量,站控层网络根据选择镜像端口读取网络流量。

4.4.1.6 数据转发延时检验

1. 检验内容及要求

传输各种帧长数据时交换机交换时延应小于 $10\mu s$。

2. 检验方法

采用网络测试仪进行测试。

4.4.1.7　丢包率检验

1. 检验内容及要求

交换机在全线速转发条件下，丢包（帧）率为零。

2. 检验方法

采用网络测试仪进行测试。

4.4.2　时间同步系统调试

4.4.2.1　调试范围

时间同步系统调试主要涉及全站统一时钟源、对时网络和被授时设备，实现《变电站通信网络和系统》（DL/T 860）中所提及的自动化系统同步对时功能。

4.4.2.2　调试内容

（1）设备外部检查。检查时间同步系统设备数量、型号、额定参数与设计相符合，检查设备接地可靠。

（2）绝缘试验和上电检查。检查待测设备与二次回路绝缘性能与技术规范相符合，检查待测设备正常带电启动运行。

（3）对时系统精度调试。检查时间同步系统的接收时钟源精度和对时输出接口的时间精度满足技术要求。

（4）时钟源自守时、自恢复功能调试。检查外部时钟信号异常再恢复时，全站统一时钟源自守时、自恢复功能正常。

（5）时钟源主备切换功能调试。检查全站统一时钟源主备切换功能满足技术要求。

（6）需对时设备对时功能调试。检查自动化系统需对时设备对时功能和精度满足技术要求。

（7）需对时设备自恢复功能调试。检查全站统一时钟源对时信号异常再恢复时，需对时设备自恢复功能正常。

4.4.3　二次系统安全防护调试

4.4.3.1　调试范围

二次系统安全防护调试主要涉及站控层物理隔离装置和防火墙，实现自动化系统网络安全防护功能。

4.4.3.2　调试内容

（1）设备外部检查。检查二次系统安全防护设备数量、型号、额定参数与设计相符合，检查设备接地可靠。

（2）绝缘试验和上电检查。检查待测设备与二次回路绝缘性能与技术规范相符合，检查待测设备正常带电启动运行。

（3）工程配置。依据二次系统安全防护策略文件，分别配置二次系统安全防护相关设备运行功能与参数。

（4）网络安全防护检查。检查二次系统安全防护运行情况与预设安防策略一致。

4.4.4 故障录波器装置调试

故障录波器装置调试主要涉及系统发生故障的交流采样、保护动作信息、开关位置变化记录功能。具体调试内容如下：

（1）设备状态检查。装置整体完好，装置带电启动后无异常信号，设备运行正常。

（2）主机桌面检查。通过主机桌面操作，检查主机桌面是否功能完备，操作灵活。

（3）SV 采样检查。通过数字测试仪给装置加 SV 量，检查装置的 SV 采样有效值、相位显示与所加量一致，检查装置 SV 采样通道配置与 SCD 配置文件的一致性。

（4）GOOSE 开入功能检查。通过数字测试仪或客户端工具给装置模拟 GOOSE 开入，检查装置 GOOSE 开入量的正确性。

（5）装置功能检查。模拟故障录波器各通道的采样越限，对故障录波器的启动录波功能进行定值校验；检查故障录波器各通道之间的同步性能；检查故障录波器的测距功能。

（6）对时功能检查。接入对时信号给装置，检查装置对时的正确性，显示时间和 GPS 一致。

（7）光口发送功率、接收功率测试。将光功率计接入装置每个光口的发送端，测试发送功率，装置的发送功率须满足要求；逐一拔出装置接收光纤，使用光功率计测试光纤接收功率需满足要求（光波长 1300nm 光纤，光纤发送功率为 −20～−14dBm；光接收灵敏度为 −31～−14dBm）。

（8）主要调试工具。数字测试仪、客户端工具、光功率计等。

4.4.5 网络分析仪调试

网络分析仪调试主要涉及全站 SV、GOOSE 报文实时记录存储功能。具体调试内容如下：

（1）设备状态检查。装置整体完好，装置带电启动后无异常信号，设备运行正常。

（2）主机桌面检查。通过主机桌面操作，检查主机桌面是否功能完备，操作灵活。

（3）SV 采样报文采集检查。通过数字测试仪给网络分析仪加 SV 量，检查网络分析仪的 SV 采样有效值、相位显示与所加量一致；检查装置 SV 采样通道配置与 SCD 配置文件的一致性。

（4）GOOSE 报文采集检查。通过数字测试仪或客户端工具给网络分析仪模拟 GOOSE 开入，检查网络分析仪收到 GOOSE 报文的正确性。

（5）整体功能检查。模拟网络分析仪各通道的采样越限，对网络分析仪的启动功能进行定值校验。完备网络分析仪光口、网口配置，检查网络分析仪 SV、GOOSE、MMS 报文采集的完整性与不重复性。

（6）对时功能检查。接入对时信号给装置，检查装置对时的正确性，显示时间和 GPS 一致。

（7）光口发送功率、接收功率测试。将光功率计接入装置每个光口的发送端，测试发送功率，装置的发送功率须满足要求；逐一拔出装置接收光纤，使用光功率计测试光纤接收功率需满足要求（光波长 1300nm 光纤，光纤发送功率为－20～－14dBm；光接收灵敏度为－31～－14dBm）。

（8）主要调试工具。数字测试仪、客户端工具、光功率计等

4.5 监控后台系统调试

4.5.1 监控系统调试

4.5.1.1 调试范围

监控系统调试主要涉及站控层主机设备、间隔层测控设备和过程层设备，实现《变电站通信网络和系统》（DL/T 860）中所提及的自动化系统监控功能，主要包括测量、控制、状态检测、五防等相关功能。

4.5.1.2 调试内容

（1）设备外部检查。检查监控系统设备数量、型号、额定参数与设计相符合，检查设备接地可靠。

（2）绝缘试验和上电检查。检查待测设备与二次回路绝缘性能与技术规范相符合，检查待测设备正常带电启动运行。

（3）工程配置。依据变电站配置描述文件和相关策略文件，分别配置监控系统相关设备运行功能与参数。

（4）通信检查。检查与监控系统功能相关的 MMS、GOOSE、SV 通信状态正常。

（5）遥信功能调试。检查监控系统遥信变化情况与实际现场设备状态一致，SOE 时间精度满足技术要求。

（6）遥测功能调试。检查监控系统遥测精度和线性度满足技术要求。

（7）遥控功能调试。检查监控系统设备控制及软压板投退功能正确。

（8）遥调控制功能调试。检查监控系统遥调控制实现方式与遥调控制策略一致。

（9）同期控制功能调试。检查监控系统同期控制实现方式与同期控制策略一致，同期定值与定值单要求一致。

（10）全站防误闭锁功能调试：检查监控系统防误操作实现方式与全站防误闭锁策略一致。

（11）顺序控制功能测试。检查监控系统现场顺序控制策略与预设顺序控制策略一致。

（12）自动电压无功控制功能调试。检查监控系统自动电压无功控制实现方式与全站自动电压无功控制策略一致，主要检查无功一次设备和变压器挡位动作情况与预设策略一致。

（13）定值管理功能调试。检查监控系统定值调阅、修改和定值组切换功能正确。

（14）主备切换功能调试。检查监控系统主备切换功能满足技术要求。

（15）信息综合分析与智能告警调试。根据实时/非实时运行数据、辅助应用信息、各种告警及事故信号等，按设计实现数据合理性分析、不良数据辨识等功能。根据设计和统一命名格式要求，实现分层、分类的信息告警功能，并按照故障类型提供故障诊断及故障

分析报告。

（16）生产辅助系统接入调试。检查监控系统与生产辅助系统信息交互正确。

（17）独立五防系统调试。检查独立五防系统与预设五防操作策略一致，监控系统与独立五防系统信息交互正确。

（18）监控系统传动调试。参照典型操作和顺序控制流程实施控制传动，站控层监控功能正确，间隔层测控设备操作闭锁功能正确，一次设备传动与返回信号正确。

4.5.2 远动通信功能调试

4.5.2.1 调试范围

远动通信功能调试主要涉及站控层远动通信设备、间隔层二次设备，实现《变电站通信网络和系统》（DL/T 860）中所提及的自动化系统远动通信功能。

4.5.2.2 调试内容

远动通信功能调试内容，包括：

（1）设备外部检查。检查远动通信设备数量、型号、额定参数与设计相符合，检查设备接地可靠。

（2）绝缘试验和上电检查。检查待测设备与二次回路绝缘性能与技术规范相符合，检查待测设备正常带电启动运行。

（3）工程配置。依据变电站配置描述文件和远动信息表，分别配置远动通信相关设备运行功能与参数。

（4）信息表检查。检查调控信息表数据定义与厂站数据信息一致，信息定义符合规范。

（5）通信检查。检查与远动通信功能相关的 MMS 通信状态正常。

（6）远动遥信功能调试。检查远动通信遥信变化情况与实际现场设备状态一致。

（7）远动遥测功能调试。检查远动通信遥测精度和线性度满足技术要求。

（8）远动遥控功能调试。检查远动通信遥控与预设控制策略一致。

（9）遥调控制功能调试。检查远动通信遥调控制与遥调控制策略一致。

（10）告警直传功能测试。二次设备告警直传符合设计、功能正确，主站告警直传信息与厂站完全一致。

4.5.3 保护信息管理机功能调试

保护信息管理机功能调试主要涉及站控层保护信息管理机设备、间隔层保护装置，实现《变电站通信网络和系统》（DL/T 860）中所提及的保护信息包括定值、压板、录波文件等保护信息管理工作。具体调试内容如下：

（1）采集各保护装置的信息检查。包括各种采样信息、开关量信息等。

（2）控制管理功能检查。接收主站命令，包括定值上装、下装、遥控、遥调、复位、查看定值、查看开关量状态、调用故障波形等功能。

（3）历史事件记录。记录保护装置的自检信息、事件信息、故障信息、定值变化信息等。

（4）录波波形调用及分析。

4.5.4 不间断电源功能调试

4.5.4.1 调试范围

不间断电源功能调试主要涉及站控层设备专用逆变电源设备，实现自动化系统不间断可靠供电功能。

4.5.4.2 调试内容

（1）设备外部检查。检查不间断电源功能涉及设备数量、型号、额定参数与设计相符合，检查设备接地可靠。

（2）绝缘试验和上电检查。检查待测设备与二次回路绝缘性能与技术规范相符合，检查待测设备正常带电启动运行。

（3）通信检查。检查与计算机监控系统的通信正确。

（4）功能调试。检查交直流电源切换功能、旁路功能、保护功能、异常告警功能正确，纹波系数满足技术要求。

4.5.5 电能量信息管理系统调试

4.5.5.1 范围与功能

电能量信息管理系统主要由站控层电能量信息管理设备、间隔层计量表计构成，实现《变电站通信网络和系统》（DL/T 860）中所提及的自动化系统电能计量功能。

4.5.5.2 调试内容

（1）设备外部检查。检查电能量信息管理系统设备数量、型号、额定参数与设计相符合，检查设备接地可靠。

（2）绝缘试验和上电检查均参照《继电保护和电网安全自动装置检验规程》（DL/T 995—2016）执行。

（3）工程配置。依据变电站配置描述文件，分别配置电能量信息管理系统相关设备运行功能与参数。

（4）通信检查。检查与电能量信息管理系统功能相关的 MMS、SV 通信状态正常。

（5）功能调试。检查站控层电能量信息管理系统站内通信交互和功能实现正确，检查电能量信息管理系统与远方主站通信交互和功能实现正确。

4.5.6 辅助控制系统调试

4.5.6.1 范围与功能

全站直流、交流、逆变、UPS、通信等电源一体化设计、一体化配置、一体化监控。另外站内的消防、安防、照明、环境监测等运行工况和信息数据能通过一体化监控单元展示并转换为标准模型数据，以标准格式接入当地自动化系统，并上传至远方控制中心。

4.5.6.2 调试内容

信号上送检查：在辅助控制系统上模拟发送遥测、遥信、告警等信号，在后台上监测正确性。辅助控制系统由相关设备提供商调试。

4.6 测控装置调试

4.6.1 电源和外观检查

电源和外观检查见表 4.7 和表 4.8。

表 4.7 　　　　　　　　　　　　　**电源检查**

序号	检查项目	检查要求	注意事项
1	屏柜直流电源检查	（1）用万用表检测装置直流电源输入，应满足装置要求，检查电源空气开关对应正确。 （2）推上装置电源空气开关，打开装置上电源开关，装置应正常启动，内部电压输出正常	
2	装置电源自启动试验	将装置电源换上试验直流电源，且试验直流电源由零缓调至80%额定电源值，装置应正常启动，"装置失电"告警硬接点由闭合变为打开	
3	装置工作电源在80%～110%额定电压间波动	装置稳定工作，无异常	
4	装置电源拉合试验	（1）在80%额定电源下拉合三次装置电源开关，逆变电源可靠启动，保护装置不误动，不误发信。 （2）保护装置掉电瞬间，装置不应误发异常数据	

表 4.8 　　　　　　　　　　　　　**外观检查**

序号	检查项目	检查要求	注意事项
1	屏柜及装置外观检查	（1）检查屏柜内螺丝是否有松动，是否有机械损伤，是否有烧伤现象；电源开关、空气开关、按钮是否良好；检修硬压板接触是否良好。 （2）检查装置接地端子是否可靠接地，接地线是否符合要求。 （3）检查屏柜内电缆是否排列整齐，是否固定牢固，标识是否齐全正确；交直流导线是否有混扎现象。 （4）检查屏柜内光缆是否整齐，光缆的弯曲半径是否符合要求；光纤连接是否正确、牢固，是否存在虚接，有无光纤损坏、弯折、挤压、拉扯现象；光纤标识牌是否正确，备用光纤接口或备用光纤是否有完好的护套。 （5）检查屏柜内各独立装置、继电器、切换把手和压板标识是否正确齐全，且外观无明显损坏。 （6）柜内通风、除湿系统是否完好，柜内环境温度、湿度是否满足设备稳定运行要求	

序号	检查项目	检查要求	注意事项
2	装置自检	装置上电运行后，自检正常，操作无异常	
3	装置程序检查	通过装置液晶面板检查保护程序、通信程序的版本、生成时间、CRC校验码正确	
4	装置时钟检查	装置时间应与标准时间一致	

4.6.2 绝缘检查

按照《继电保护和电网安全自动装置检验规程》（DL/T 995—2016）标准的要求，采用以下方法进行绝缘检查：

（1）将 CPU 插件、通信插件、开入插件拔出，并确认直流电源断开后将直流正负极端子短接，对电源回路、开入量回路、开出量回路摇测绝缘。

（2）对二次回路使用 1000V 摇表测量各端子之间以及端子对地之间的绝缘电阻，新安装时绝缘电阻应大于 10MΩ。

（3）新安装时，对装置使用 500V 摇表测量各端子之间的绝缘电阻，对内绝缘电阻应大于 20MΩ。

注：

（1）绝缘电阻摇测前必须断开交、直流电源；绝缘摇测结束后应立即放电、恢复接线。

（2）绝缘检查结果数据记录于调试报告。

4.6.3 遥信量采集功能测试

4.6.3.1 GOOSE 开入检查

按 SCD 文件配置，依次模拟被检装置的事件 GOOSE 输入，检查装置输出相关遥信报告正确性；测试仪发送 GOOSE 置检修状态，检查装置输出相关遥信报告的品质位；测控装置置检修状态，检查装置输出遥信报告的品质位。

4.6.3.2 硬接点开入检查

人工短接屏柜端子模拟遥信变位，检查装置输出相关遥信报告正确性，并在一体化监控后台查看相关告警和 SOE 记录。

4.6.4 遥控功能测试

4.6.4.1 普通遥控调试

分别通过后台和面板对所有遥控对象分别进行分闸、合闸试验，装置应能正确动作，GOOSE 报文中相应位能够正确发生变化。操作记录应能记录遥控选择、执行命令。出口脉冲宽度由定值设置。

1. 断路器、隔离开关遥控

对所有可以控制的断路器、隔离开关进行操作，同时从网络报文分析仪观察抓取的报文和后台画面显示应符合预期效果。具体步骤如下：

（1）选择一个断路器或隔离开关的图元，遥控该断路器或隔离开关，遥控方式有强制遥控方式、检同期方式、检无压方式等，根据需要选择适合的遥控方式，采取合或者分操作。

（2）输入用户名称及密码并点击确定后，弹出操作提示，按操作顺序进行操作确认，在站控层核对和观察告警画面、打印记录、显示画面与操作动作是否一致。根据系统参数设置可能还会要求输入监护人的姓名、密码、调度编号等。

（3）改变遥控操作顺序与停止遥控下一步操作，在站控层核对和观察告警画面、打印记录、显示画面与遥控操作动作是否一致，有无报告与主动撤销。

（4）将测控屏柜上的把手打到就地、解锁位置，此时点击遥控预置按钮，此时应返回失败信息；将把手打到远方、解锁位置，重复执行前面的遥控操作步骤，此时应预置成功，测控装置上相应显示灯应正确亮起。

（5）预置成功后点遥控执行，遥控执行成功后，观察一次设备断路器或隔离开关，是否与显示位置一致，监控系统告警窗上会有遥控成功的告警显示；若遥控失败，监控系统告警窗中应有遥控失败的相应告警显示。

（6）遥控输出在自恢复过程、加电和失电过程、双机及网络切换过程应不误动；遥控的同时应测试智能终端处的遥控出口压板。

（7）若执行断路器同期遥控，同期操作应与控制策略一致，并满足定值要求。遥控执行命令从生成到输出的时间应不大于1s。

2．遥调

主变分接头的调节与遥控方式类似，遥调无需预置、返校的过程。具体步骤如下：

（1）点击主变选择遥调升、遥调降、急停操作，输入用户名称及密码并点击确定后，弹出操作提示，按指示执行。

（2）在站控层核对和观察告警画面、打印记录、显示画面与操作动作是否一致。

（3）改变操作顺序与停止下一步操作，在站控层核对和观察告警画面、打印记录、显示画面与操作动作是否一致，有无报告与主动撤销。

（4）将把手打到就地位置，在操作界面上点击遥控升、遥调降或急停操作时，应报遥调超时；将把手打到远方位置，在操作界面上点击遥控升、遥调降或急停操作，本体智能终端上的出口压板退出时，监控系统应报遥调超时，当出口压板投入时，遥调成功后，检查变压器是否正常升、降挡位，急停是否成功。

（5）遥调输出在自恢复过程、加电和失电过程、双机及网络切换过程应不误调。

（6）遥调升、降、停成功后，挡位应能通过智能终端正常传送至测控装置，并在后台显示正确。

4.6.4.2　同期遥控调试

1．压差闭锁

输入 U_a 和 U_{sa} 的幅值差大于压差闭锁定值 ΔU 时，装置应闭锁合闸，并发出压差异常事件。采样均通过数字源输入，调试流程如下：

（1）使用 U_a 输入 57.74V、50Hz，U_{sa} 输入 52V、50Hz，U_a 和 U_{sa} 相角差为 0°，在监控系统上操作同期合闸，此时装置应合闸成功，后台监控推送相关告警遥信。

（2）将 U_a 输入 57.74V、50Hz，U_{sa} 输入 49V、50Hz，U_a 和 U_{sa} 相角差为 0°，在监控系统上操作同期合闸，此时装置应合闸失败，后台监控推送相关告警遥信。

2. 相角差闭锁

输入 U_a 和 U_{sa} 的相角差大于相角差闭锁定值 $\Delta\Phi$ 时，装置应闭锁合闸，并发出压差异常事件。采样均通过数字源输入，调试流程如下：

（1）将 U_a 输入 57.74V、50Hz，U_{sa} 输入 57.74V、50Hz，U_a 和 U_{sa} 相角差为 29°，在监控系统上操作同期合闸，此时装置应合闸成功，后台监控推送相关告警遥信。

（2）将 U_a 输入 57.74V、50Hz，U_{sa} 输入 57.74V、50Hz，U_a 和 U_{sa} 相角差为 31°，在监控系统上操作同期合闸，此时装置应合闸失败，后台监控推送相关告警遥信。

3. 频差闭锁

输入 U_a 和 U_{sa} 的频率差大于频差闭锁定值 Δf_{max} 时，装置应闭锁合闸，并发出频差异常事件。采样均通过数字源输入，调试流程如下：

（1）将 U_a 输入 57.74V、50Hz，U_{sa} 输入 57.74V、49.72Hz，在监控系统上操作同期合闸，此时装置应合闸成功，后台监控推送相关告警遥信。

（2）将 U_a 输入 57.74V、50Hz，U_{sa} 输入 57.74V、49.69Hz，在监控系统上操作同期合闸，此时装置应合闸失败，后台监控推送相关告警遥信。

4. 检无压

整定检无压定值为 15V，采样均通过数字源输入，调试流程如下：

（1）将母线侧电压输入 57.74V，线路电压输入 14V 时，在监控系统上操作检无压合闸，此时装置应合闸成功，后台监控推送相关告警遥信。

（2）将母线侧电压输入 57.74V，线路电压输入 16V 时，在监控系统上操作检无压合闸，此时装置应合闸失败，后台监控推送相关告警遥信。

4.6.5 遥测采集功能调试

4.6.5.1 直流输入检查

检查监控主机画面上的相关直流量显示，如户外柜的温度、湿度和主变油温等数据，数据应与实际相符，并通过换算与测控装置直流测量显示值核对正确性，误差小于 5%。

4.6.5.2 交流输入检查

在间隔层的 MU 或合智一体上施加交流量，并在后台分画面、主接线图上查看数据，应与所加量保持一致，监控系统遥测精度满足技术要求，调试的过程中做好数据记录。

对所有测点进行实验。电压测 0、20%、40%、60%、80%、100%、120% 额定值；电流测 0、20%、40%、60%、80%、100%、120% 额定值；有功、无功在额定电压、电流下，0°、60°、90°、240° 变化角度；频率加到 50Hz。通过比较装置三相电流、三相电压、有功、无功、功率因数、频率的显示值和标准表计的读数差来测量测控装置的精度，并检查后台显示数据。显示值应该在误差允许范围，电压、电流误差应小于 0.2%，功率误差应小于 0.5%。后台监控系统中，各画面上遥测数据量应能保证每秒正常刷新。

4.6.6 防误闭锁功能调试

间隔层防误闭锁功能检查以五防闭锁逻辑图为依据，测试正反逻辑。间隔五防处于投入状态时，进行遥控操作。

（1）当相关间隔通信良好，条件满足时，进行操作，应能正常操作，遥控操作成功并推送相关遥信告警。

（2）当相关间隔通信异常时，进行操作，不能正常进行，遥控操作失败并推送相关遥信告警。

（3）当相关间隔通信良好，条件不满足时，遥控操作失败并推送相关遥信告警；间隔五防处于退出状态时，进行遥控操作。无论相关间隔装置通信状态和条件是否满足，遥控操作成功并推送相关遥信告警。

4.6.7 站控层通信状态检查

（1）通信状态检查。从后台检查待调试保护装置与后台的通信状态是否正常。

（2）告警信息检查。用装置的通信传动功能开出或通过使装置开入变位、告警或告警复归、启动、动作等方法使装置向后台上送报告，观察后台告警信息是否正确。

（3）软压板检查。从装置上依次操作使软压板分合（包括功能压板等）的装置中所有的软压板，从后台观察软压板变位是否正确。依次从后台遥控软压板，从保护装置上观察软压板变位是否正确。

4.6.8 光纤链路检验

4.6.8.1 发送光功率检验

将光功率计用一根尾纤（衰耗小于 0.5dB）接至测控的发送端口（Tx），读取光功率值（dBm）即为该接口的发送光功率。测控装置各发送接口都需进行测试，光波长 1310nm 时，发送功率为－20～－14dBm；光波长 850nm 时，发送功率为－19～－10dBm。

4.6.8.2 接收光功率检验

将测控接收端口（Rx）上的光纤拔下，接至光功率计，读取光功率值（dBm）即为该接口的接收光功率。接收端口的接收光功率减去其标称的接收灵敏度即为该端口的光功率裕度，装置端口接收功率裕度不应低于 3dB。

4.6.8.3 光纤连接检查

（1）分别恢复测控装置接收 MU 采样的 SV 光纤，测控装置相应的 SV 采样异常应复归。同时检查 SV 接口配置是否与设计一致。

（2）分别恢复测控接收智能终端及 MU 的 GOOSE 光纤，测控装置相应的 GOOSE 链路异常信号应复归，同时检查 GOOSE 接口配置是否与设计一致。

第5章　智能变电站设备保护整组联动

5.1　保护整组联动

5.1.1　概述

　　保护整组联动测试主要验证从保护装置出口至智能终端，最后直至开关回路整个跳、合闸回路的正确性，以及保护装置之间的启动失灵、闭锁重合闸等回路的正确性。其中，保护装置至智能终端的跳、合闸回路和装置之间的启动失灵、闭锁重合闸回路是通过网络传输的软回路；而智能终端至开关本体的跳合闸回路是硬接线回路，与传统回路基本相同。保护装置接口数字化后已不再包含出口硬压板，但出口受保护装置软压板控制，而传统的出口硬压板也并未取消，而是下放到智能终端的出口，因此保护整组联动测试在验证整个回路的同时需对回路中保护出口软压板、智能终端出口硬压板的作用进行分别验证。保护整组联动测试回路如图 5.1 所示。

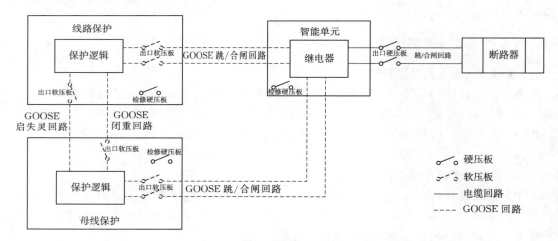

图 5.1　保护整组联动测试回路

　　智能变电站中，二次设备之间通过 GOOSE 信号相互联系，而 GOOSE 信号是通过总线形式传输的，并不能像传统硬电缆连接那样可靠隔离。因此，考虑到检修、扩建等问题，智能化二次设备都新增了一个硬压板——检修压板，通过检修压板控制装置的运行状态，同时《IEC 61850 工程继电保护应用模型》（Q/GDW 396—2009）中规范了 GOOSE 检修机制如下：

　　（1）当装置检修压板投入时，装置发送的 GOOSE 报文中的 Test 应置位。

　　（2）GOOSE 接收端装置应将接收的 GOOSE 报文中的 Test 位与装置自身的检修压

板状态进行比较，只有两者一致时才将信号作为有效进行处理或动作。

（3）对于测控装置，当本装置检修压板或者接收到的 GOOSE 报文中的 Test 位任意一个为 1 时，上传 MMS 报文中相关信号的品质 q 的 Test 位应置 1。

由检修机制可以看出，保护装置与智能终端之间的跳合闸软回路以及装置之间的启动失灵、闭锁重合闸软回路是受到装置检修压板影响的。因此，保护整组联动测试同时需要分别验证每个装置的检修压板。保护整组联动测试还需在 80％直流电源情况下验证保护动作、开关跳闸的可靠性。

5.1.2　保护整组联动时间测试方法

智能变电站保护整组动作时间即是从一次模拟量产生时刻到智能终端出口继电器动作时间，其测试方法如下：

方法一，由继电保护测试仪在 MU 前端施加故障量使保护装置动作，利用智能终端出口硬接点停表，测得到保护整组动作时间；此方法可以辨识 MU 的输出延时是否是 20ms 的整数倍。

方法二，由继电保护测试仪在 MU 前端施加故障量使保护装置动作，保护整组动作时间等于保护动作时间（装置显示值）加智能终端单体动作时间。

5.1.3　虚端子技术

传统变电站自动化系统中，装置的输入输出都一一对应于具体的端子，传统二次回路设计中就是通过端子到端子的电缆连接实现装置之间的配合，以及装置至一次设备的出口。但智能变电站，采用 GOOSE 和 SV 传输方式实现各装置或一次设备之间信息的交互，包括跳合闸出口等，原有传统的端子概念消逝了，取而代之的是基于网络传输的数字信号，原有点对点的电缆连接也被网络化的光缆连接所取代。

按照传统的设计理念、设计方法去对待采用 GOOSE 和 SV 传输方式通信的智能变电站，设计阶段能够表现的仅仅是从各装置到交换机的光缆连接。在新的应用方式下，设备制造商、设计院、系统集成商如何分工合作成为新的问题。事实上，IEC 61850 标准中关于 GOOSE 和 SV 传输信息输出是有配置的，但是输入信息却不能表达，标准明确 Inputs 中 Extref 元素的 IntAddr 为各厂家内部定义，这符合国外变电站自动化设备的工程自由配置做法，但却与国内由设计院统一设计的应用原则格格不入。原先应在设计阶段完成保护装置之间的配合工作，全部需要在施工、调试过程中去完成，带来了"智能变电站是调试出来"的尴尬。因此，迫切需要研究新的设计方法以满足智能变电站 IEC 61850 应用的设计要求。

在国内某 500kV 智能变电站实施的过程中，提出了 GOOSE "虚端子"的概念。定义了在 ICD 文件中表示 GOOSE 输入和输出虚端子的方法。在装置建模时采用约定名称的 GGIO 模型作为 Extref 元素的 IntAddr 应用，且规定装置的输入端子统一表达在 LLN0 的 Inputs 中。"虚端子"方案通过 GGIO 中 DO 的描述说明输入信号的含义和要求，且以 "GOIN" 为 GGIO 实例前缀隐含规定了该信号来源于 GOOSE，对照全站 SCD 配置，可以确定订阅对象的唯一性，方便了 GOOSE 连线工作。在工程实施过程中，能够很清楚地表达传统二次回路的分布。系统配置器完成的 GOOSE 连线工作，主要体现在 SCD 文件中"Inputs"部分，这就要求 IED 配置器能够解析 SCD 文件中"Inputs"的内容，直接导出 CID 文件，生成与 GOOSE 相关的私有配置文件，将这些文件下载至装置中，即可保证装置按照系统配置的内容正确订阅和发布 GOOSE 信号。这种方式对以后智能变电站的工程化推广有很好的借鉴作用，解决了智能变电站装置 GOOSE 信息无接点、无端子、无接线，带来的 GOOSE 配置难以在设计中体现的问题。

5.1.4 220kV 线路保护整组联动

220kV 线路保护装置的出口软压板设置有：GOOSE 跳闸出口软压板、GOOSE 重合闸出口软压板、GOOSE 启动失灵出口软压板，软压板不分相；220kV 线路间隔智能终端出口硬压板设置有 A 相跳闸出口硬压板、B 相跳闸出口硬压板、C 相跳闸出口硬压板、重合闸出口硬压板，跳闸出口分相，重合闸出口不分相。

因此，220kV 线路保护在整组联动测试过程中需要验证上述 3 个软压板和 4 个硬压板的正确性以及压板与回路的一一对应关系；考虑到检修机制，220kV 线路保护还需验证保护装置和智能终端的检修压板对应关系的正确性。220kV 线路断路器具有两个跳闸线圈和一个合闸线圈，其线路保护采用双重化配置，两套保护的跳闸回路包括两个完全独立的操作电源，两套保护的合闸回路在合闸线圈之前也完全独立的，只有第一套中包含合闸操作电源。因此，220kV 线路保护的跳闸回路应分别验证其对应关系，包括控制电源也应验证其对应关系；而合闸回路和控制电源，由于断路器只有一个合闸线圈，只需分别验证两套保护合闸回路的正确性，不需验证对应关系。220kV 线路保护整组联动测试时，保护装置投入主保护差动保护，测试时两套保护分别测试。220kV 第一套线路保护整组回路如图 5.2 所示。

根据图 5.2 可知，220kV 第一套线路保护需整组试验的相关信息流如下。

(1) 线路保护与线路智能终端之间信息流。线路保护经点对点直跳光纤到相应智能终端，完成断路器的跳合功能并通过直跳光纤接收断路器的位置，信息流包括：

1) 线路保护至智能终端。跳断路器 A 相、跳断路器 B 相、跳断路器 C 相、重合闸出口、线路保护永跳/闭锁重合闸。

2) 智能终端至线路保护。断路器 A 相位置、断路器 B 相位置、断路器 C 相位置、压力低闭锁重合闸、智能终端闭锁重合闸（包括：手跳、手合、遥跳、遥合、TJF、TJR、上电 500ms 内、另一套智能终端闭锁重合闸信号等）。

(2) 线路智能终端与母差保护之间信息流。

1) 母差保护至线路智能终端。母差保护闭锁重合闸三跳。

2) 线路智能终端至母差保护。隔离开关位置信号。

(3) 线路保护与 GOOSE A 网之间信息流。

1) 线路保护至 GOOSE A 网。线路保护 A 相启动失灵，B 相启动失灵，C 相启动失灵。

2) GOOSE A 网至线路保护。母差保护远跳信号、母差保护动作闭锁重合闸信号。

(4) 智能终端与 GOOSE A 网之间信息流。智能终端至 GOOSE A 网，正副母隔离开

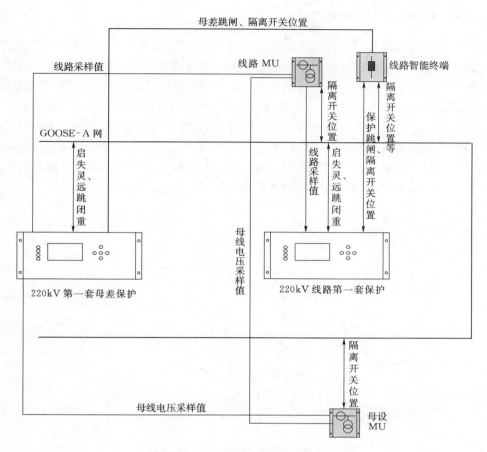

图 5.2　220kV 第一套线路保护整组回路图

关位置信号以及联闭锁所需要的信息。

5.1.5　110kV 线路保护整组联动

110kV 线路保护采用三跳三重方式，即只要故障是瞬时的，无论是单相故障还是相间故障，都是直接跳三相，然后重合三相，智能终端的出口也是三相的，没有分相压板，且 110kV 线路不启动母线保护的失灵。因此，110kV 线路保护装置的出口软压板设置有 GOOSE 跳闸出口、GOOSE 重合闸出口；110kV 线路间隔智能终端出口硬压板设置有跳闸出口、重合闸出口。无论是保护装置的软压板还是智能终端的硬压板都是不分相的。因此，110kV 线路保护在整组联动测试过程中需要验证上述 2 个软压板和 2 个硬压板的正确性，压板没有相别对应关系；考虑到检修机制，110kV 线路保护还需验证保护装置和智能终端的检修压板对应关系的正确性。110kV 线路断路器只具有一个跳闸线圈和一个合闸线圈，操作电源也只有一个，线路保护也是单套配置，因此 110kV 线路保护与 220kV 保护不同，不存在两套之间的对应关系。110kV 线路保护整组联动测试时，保护装置投入主保护距离保护。

5.1.6 母线保护整组联动

母线保护通过线路或主变智能终端跳挂在母线上的各支路，由于智能终端至开关本体部分的回路通过线路保护整组联动或主变保护整组联动验证，因此在母线保护整组联动测试中就不必包含这部分内容，母线保护整组联动测试只需验证母线保护 GOOSE 跳闸出口软压板的正确性即可，母线保护 GOOSE 跳闸出口软压板是按支路整定的，因此每个支路的 GOOSE 跳闸出口软压板都需要验证。母线保护动作闭锁相应线路支路的重合闸，因此母线保护之线路保护的闭锁重合闸软回路也必须同时验证。考虑到检修机制，母线保护整组联动测试还需要验证母线保护与智能终端之间以及母线保护与线路保护之间的检修压板的对应关系。220kV 第一套母差保护整组回路如图 5.3 所示。

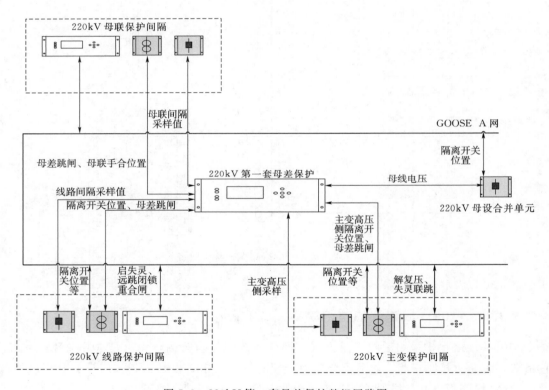

图 5.3 220kV 第一套母差保护整组回路图

根据图 5.3 可知，220kV 第一套母差保护需整组试验的相关信息流如下：

（1）母差保护与线路智能终端之间信息流。

1）线路智能终端至母差保护，隔离开关位置信号。

2）母差保护至线路智能终端，母差保护闭锁重合闸三跳。

（2）母差保护与主变高压侧智能终端之间信息流。

1）母差保护至主变高压侧智能终端，母差保护闭锁重合闸三跳。

2）主变高压侧智能终端至母差保护，隔离开关位置信号。

（3）母差保护与母联智能终端之间信息流。

1）母差保护至母联智能终端，母差保护闭锁重合闸三跳。

2）母联智能终端至母差保护，母联总断路器位置，母联手合闭锁母差保护。

（4）母差保护与 GOOSE A 网之间信息流。

1）母差保护至 GOOSE A 网，母差保护远跳信号，母差保护动作闭锁重合闸信号，母差保护失灵联跳信号。

2）GOOSE A 网至母差保护，线路保护启动 A 相失灵、启动 B 相失灵、启动 C 相失灵信号；线路智能终端隔离开关位置信号；主变保护启动高压侧失灵、解除复压闭锁信号；主变高压侧智能终端隔离开关位置信号。

5.1.7 主变保护整组联动

主变保护具有高、中、低三侧，主变保护装置对于每一侧都设置有独立的 GOOSE 跳闸出口软压板，主变三侧的整组联动可以独立进行。主变高压侧和中压侧开关具有两个独立的跳闸线圈，低压侧只有一个跳闸线圈；主变保护装置和智能终端都是双重化配置的，因此对于高压侧和中压侧而言，跳闸回路是两个完全独立的回路；而低压侧保护装置和智能终端是完全独立的回路，跳闸线圈共用一个回路。主变保护在任何故障情况下都是三跳的，且不会重合，对于高压侧而言，智能终端的跳闸出口是分相的；对于中压侧和低压侧而言，智能终端的跳闸出口时不分相的。因此对于主变高压侧，跳闸回路要分相验证。主变保护与 220kV 母线保护和 110kV 母线保护之间还有启动失灵软回路需要验证。同时考虑到检修机制还需验证主变保护装置与各侧智能终端之间以及与母线保护之间的检修压板的对应关系。主变保护整组联动测试时，保护装置投入主保护差动保护，测试时两套保护分别测试，测试项目相同。220kV 第一套主变保护整组回路如图 5.4 所示。

220kV 主变保护配置两套包含主、后备功能的主变保护装置，设置两套独立的 220kV、110kV、35kV MU 和智能终端设备。

主变保护采用点对点直接跳闸方式。主变保护接收母差保护的主变联跳信号，母差失灵保护动作联跳主变三侧断路器，实现主变断路器的失灵联跳主变三侧的功能，主变联跳经主变保护判别。主变保护向 220kV 母差保护提供失灵动作信号、解复压信号，保证变压器故障时母差保护及失灵保护的电压开放。

根据图 5.4 可知，220kV 第一套主变保护需整组试验的相关信息流如下：

（1）主变保护与主变高压侧智能终端之间信息流。主变保护至主变高压侧智能终端，主变保护高压侧动作永跳高压侧开关。

（2）主变保护与主变中压侧智能终端之间信息流。主变保护至主变中压侧智能终端，主变保护中压测动作永跳中压侧开关。

（3）主变保护与主变低压侧智能终端之间信息流。主变保护至主变低压侧智能终端，主变保护低压侧动作永跳低压侧开关。

（4）主变保护与 GOOSE A 网之间信息流。主变保护至 GOOSE A 网，主变保护至 110kV 母分智能终端跳闸信号；主变保护至母差保护高压侧失灵、解除复压闭锁信号。

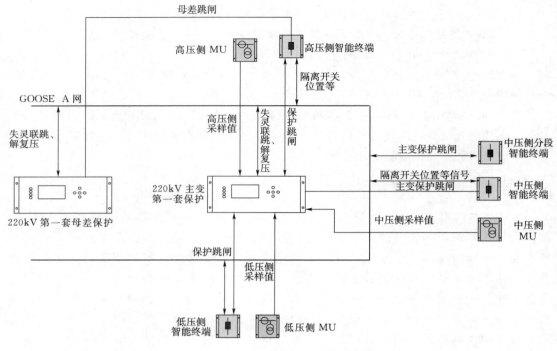

图 5.4　220kV 第一套主变保护整组回路图

（5）GOOSE A 网至主变保护之间信息流。母差保护至主变保护高压侧失灵联跳信号。

5.1.8　备自投整组联动

备自投整组联动测试主要验证 10kV 分段智能终端跳闸出口硬压板以及主变 10kV 分支智能终端合闸出口硬压板的正确性，同时考虑到检修机制，还需验证备自投和 10kV 分段智能终端、主变 10kV 分支智能终端检修压板的对应关系。

5.1.9　低频低压减载整组联动

低频低压减载装置跳 10kV 出线，因此整组联动测试主要测试 10kV 线路保护跳闸出口硬压板的正确性，低频低压减载装置对每个 10kV 线路出口都设置了 GOOSE 出口软压板，因此需对 GOOSE 出口软压板的正确性以及对应关系进行验证。

5.1.10　整组传动试验注意事项

（1）在传动过程中，若发生异常情况时应确保能迅速切断电源。

（2）进行总体整组传动试验时应按设计二次展开图逐条进行，不得遗漏。

（3）经整组传动试验确认正确的回路严禁随意更改。

（4）经整组传动试验确认正确的 SCD 文件、CID 文件严禁随意改动。

5.2　检修压板功能验证

5.2.1　压板设置的基本要求

根据国家标准《IEC 61850 工程继电保护应用模型》（Q/GDW 1396—2012）、《智能变电站继电保护通用技术条件》（Q/GDW 1808—2012）等文件要求，保护装置压板除远方操作压板和检修压板采用硬压板外，其他压板应采用软压板。

GOOSE 出口软压板应按跳闸、启动失灵、闭锁重合、合闸、远传等重要信号在 TVRC、RREC、PSCH 中统一加 Strp 后缀扩充出口软压板，从逻辑上隔离相应的信号输出。保护装置应按 MU 设置"SV 接收"软压板。当保护装置检修压板和 MU 上送的检修数据品质位不一致时，保护装置应告警并闭锁相关保护；"SV 接收"压板退出后，相应采样值显示为 0，不应发 SV 品质告警信息。

智能终端跳合闸出口回路应设置硬压板、智能终端 GOOSE 接收方向可不设软压板。保护装置应在发送端设 GOOSE 出口软压板，除启动失灵/失灵联跳开入软压板外，接收端不设相应 GOOSE 开入软压板。

5.2.2　检修机制

5.2.2.1　检修状态介绍

"检修"机制是一种便捷的隔离措施，操作方便且有明显可断点，但需要运行人员对装置的二次回路有清晰的认识才能灵活掌握。

智能变电站 MU、智能终端及保护装置均设置了一块"置检修"硬压板，投入"置检修"硬压板可作为快速临时隔离措施，但不能作为唯一的隔离措施，应根据具体情况配合使用出口软压板和接收软压板实现检修设备与运行设备的有效隔离。

设备检修状态通过装置压板开入实现，检修压板应只能就地操作，当压板投入时，表示装置处于检修状态。同时，装置应通过 LED 状态灯、液晶显示或告警接点提醒运行、检修人员装置处于检修状态。

5.2.2.2　GOOSE 报文的检修处理机制

GOOSE 报文的检修处理机制要求如下：

（1）当装置检修压板投入时，装置发送的 GOOSE 报文中的 Test 应置位，如图 5.5 所示。

（2）GOOSE 接收端装置应将接收的 GOOSE 报文中的 Test 位与装置自身的检修压板状态进行比较，做"异或"逻辑判断，只有两者一致时才将信号作为有效进行处理或动作，不一致时报文则视为无效，不参与逻辑运算，但智能终端仍应以遥信方式转发收到的跳合闸命令。以保护装置出口跳智能终端为例，检修处理机制如图 5.6 所示。

（3）当发送方 GOOSE 报文中 Test 置位时发生 GOOSE 中断，接收装置应报具体的 GOOSE 中断告警，但不应报"装置告警（异常）"信号，不应点"装置告警（异常）"灯。

```
IEC 61850 GOOSE
    AppID*: 282
    PDU Length*: 150
    Reserved1*: 0x0000
    Reserved2*: 0x0000
  PDU
    IEC GOOSE
    {
      Control Block Reference*:  PB5031BGOLD/LLN0$GO$gocb0
      Time Allowed to Live (msec): 10000
      DataSetReference*:   PB5031BGOLD/LLN0$dsGOOSE0
      GOOSEID*:  PB5031BGOLD/LLN0$GO$gocb0
      Event Timestamp: 2008-12-27 13:38.46.222997  Timequality: 0a
      StateNumber*:  2
      Sequence Number:  0
      Test*:    TRUE
      Config Revision*:   1
      Needs Commissioning*:    FALSE
      Number Dataset Entries: 8
      Data
      {
        BOOLEAN:  TRUE
        BOOLEAN:  FALSE
        BOOLEAN:  FALSE
```

图 5.5　GOOSE 报文带 Test 位

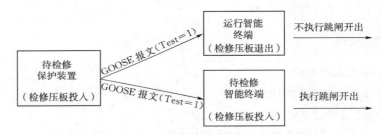

图 5.6　保护装置与智能终端检修处理机制示意图

5.2.2.3　SV 报文的检修处理机制

SV 报文检修处理机制要求如下：

（1）当 MU 装置检修压板投入时，发送采样值报文中采样值数据的品质 q 的 Test 位应置 True。

（2）SV 接收端装置应将接收的 SV 报文中的 Test 位与装置自身的检修压板状态进行比较，只有两者一致时才将该信号用于保护逻辑，否则应按相关通道采样异常进行处理。

（3）对于多路 SV 输入的保护装置，一个 SV 接收软压板退出时应退出该路采样值，该 SV 中断或检修均不影响本装置运行。

5.2.2.4　检修压板功能验证

检修压板采用硬压板。检修压板投入时，上送带品质位信息，保护装置应有明显显示（面板指示灯或界面显示）。参数、配置文件仅在检修压板投入时才可下装，下装时应闭锁保护。

SV 检修状态测试：采样与装置检修状态一致条件下，采样值参与保护逻辑计算；检修状态不一致时，只用来采样显示，不参与保护逻辑计算。

GOOSE 检修状态测试：GOOSE 信号与装置检修状态一致条件下，GOOSE 信号参与保护逻辑计算；检修状态不一致时，外部输入信息不参与保护逻辑计算。

当后台接收到的报文为检修报文时，报文内容应不显示在简报窗中，不发出音响告警，但应该刷新画面，保证画面的状态与实际相符。检修报文应存储，并可通过单独的窗口进行查询。

以××变 220kV××4Q09 间隔 A 套设备为例，其 GOOSE 检修机制测试见表 5.1。

表 5.1　　　　　　　　　××变 220kV××4Q09 间隔 A 套设备 GOOSE 检修机制测试

开出装置	GOOSE 信号量	指向	开入装置	结果（装置结果/后台显示）		
				发送方检修 接收方正常	发送方正常 接收方检修	发送方检修 接收方检修
线路智能 终端	断路器位置	→	线路保护 测控	强制分/无变化	强制分/无变化	正常/正常
	闭锁重合闸	→		强制分/无变化	强制分/无变化	正常/正常
	控回断线	→		强制分/无变化	强制分/无变化	正常/正常
	隔离开关 1 位置	→		强制分/无变化	强制分/无变化	正常/正常
	断路器 SF₆ 气压低告警	→		强制分/无变化	强制分/无变化	正常/正常
	断路器就地控制	→		强制分/无变化	强制分/无变化	正常/正常
线路间隔 MU	取 I 母电压成功	→		强制分/无变化	强制分/无变化	正常/正常
	GOOSEA 网中断	→		强制分/无变化	强制分/无变化	正常/正常
	装置告警	→		强制分/无变化	强制分/无变化	正常/正常
	II母 TV 隔离开关位置异常	→		强制分/无变化	强制分/无变化	正常/正常
	对时异常	→		强制分/无变化	强制分/无变化	正常/正常
线路保护 测控	保护跳闸出口	→	线路智能 终端	无动作	无动作	正常
	重合闸出口	→		无动作	无动作	正常
	断路器分	→		无动作	无动作	正常
	闭锁重合闸	→		无动作	无动作	正常
智能终端	隔离开关 1 位置	→	间隔 MU	保持原状态	保持原状态	正常
	隔离开关 2 位置	→		保持原状态	保持原状态	正常

以××变 220kV××4Q09 间隔 A 套设备为例，其 SV 检修机制测试见表 5.2。

表 5.2　　　　　　　　　××变 220kV××4Q09 间隔 A 套设备 SV 检修机制测试

MU	SV 中 Test 位		保护测控正常		保护测控检修	
	电压	电流	面板显示	保护行为	面板显示	保护行为
间隔 MU 正常/TVMU 正常	0	0	正常	正常	正常	闭锁
间隔 MU 检修/TVMU 正常	0	1	正常	闭锁	正常	闭锁
间隔 MU 正常/TVMU 检修	1	0	正常	闭锁	正常	闭锁
间隔 MU 检修/TVMU 检修	1	1	正常	闭锁	正常	正常

5.3 GOOSE 二维表检查

IEC 61850 中提供了 GOOSE 模型，可在系统范围内快速且可靠地传输数据值。

5.3.1 GOOSE 模型基本概念

IEC 61850 通用变电站事件模型提供了快速和可靠地在系统范围内传输输入输出数据值的方式。基于分布的概念，通用变电站事件模型提供了一个高效的方法，利用组播/广播服务向多个物理设备同时传输同一个通用变电站事件信息。GOOSE 信息交换是基于发布方/订阅方机制基础上。发布方将值写入发送侧的当地缓冲区，接收方从接收侧的当地缓冲区读数据。通信系统负责刷新订阅方的当地缓冲区。发布方的通用变电站事件控制类用以控制这个过程。

图 5.7 所示为 GOOSE 模型类的 ACSI 框图。GOOSE 报文信息交换基于多播应用关联（MCAA）模型，GOOSE 控制块信息交换则基于双边应用关联（TPAA）模型。当数据集内特定功能约束数据或功能约束数据属性的值变化，由当地服务"发布"刷新发布方传送缓冲区，用 GOOSE 报文传送这些值。通信网络的特定服务映射刷新订阅方缓冲区的内容，将接收方缓冲区接收的新值通知应用程序。新上电的设备应用初始的 GOOSE 报文发送当前状态值，这样可保证所有运行设备知道它们所订阅设备的当前状态。对于GOOSE 的控制是通过基于 TPAA 的服务一对一完成的。

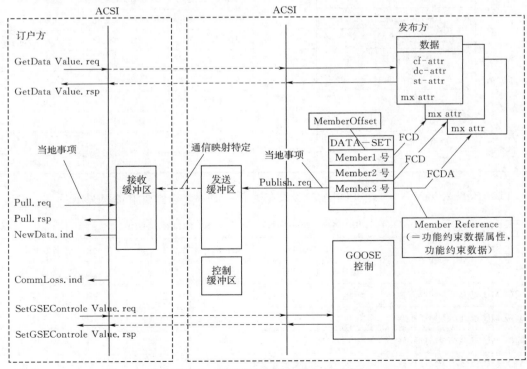

图 5.7　GOOSE 模型类的 ACSI 框图

GOOSE 共定义了五种服务：SendGOOSEMessage，GetGoReference，GetGOOSEElementNumber，GetGoCBValues，SetGoCBValues。其中，前三种服务定义了特殊的通信协议栈，没有会话层、传输层和网络层，应用层经表示层编码后直接映射到基于优先级和虚拟局域网（VLAN）的数据链路层。后两种服务采用了基于 TCP/IP 的制造报文规范（MMS）读写服务，定义了 OSI 参考模型全部七层通信协议栈。

GetGoCBValues 和 SetGoCBValues 服务用于在线读取和设置 GOOSE 控制块参数。实际工程中，GOOSE 主要用于传输保护跳闸、启动信号和测控联闭锁隔离开关位置信号。GOOSE 参数采用离线方式配置，应用比较固定，不需要在线读写 GOOSE 控制块，改变 GOOSE 参数。GetGoReference 和 GetGOOSEElementNumber 为 GOOSE 管理服务：GetGoReference 用于在线获取 GOOSE 数据集中某个数据成员偏移的数据引用；Get-GOOSEElementNumber 用于在线获取 GOOSE 数据集中某个数据引用的数据成员偏移。同理，实际工程中，GOOSE 数据集采用离线配置方式，也不需要在线获取数据集数据引用和数据成员偏移。因此，实际工程中并没有应用以上四种服务，大部分厂家也不支持这四种服务。

5.3.2 SendGOOSEMessage 服务基本原理

SendGOOSEMessage 通信服务映射使用一种特殊的重传方案来获得合适级别的可靠性。重传序列中的每个报文都带有允许生存时间参数，用于通知接收方等待下一次重传的最长时间。如在该时间间隔内没有收到新报文，接收方将认为关联丢失。事件传输时间如图 5.8 所示。从事件发生时刻第一帧报文发出起，经过两次最短传输时间间隔 T_1 重传两帧报文后，重传间隔时间逐渐加长直至最大重传间隔时间 T_0。标准没有规定逐渐重传时间间隔计算方法。事实上，重传报文机制是网络传输兼顾实时性、可靠性及网络通信流量的最佳方案，而逐渐重传报文已越来越不能满足实时性要求，对重传间隔时间已没有必要规定。

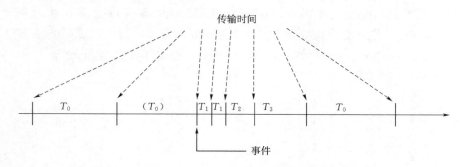

图 5.8 GOOSE 事件传输时间

T_0—稳定条件（长时间无事件）下重传；（T_0）—稳定条件下的重传可能被事件缩短；
T_1—事件发生后，最短的传输时间；T_2，T_3—直到获得稳定条件的重传时间

SendGOOSEMessage 服务以主动无须确认的发布者/订阅者组播方式发送变化信息，其发布者和订阅者状态机制如图 5.9 和图 5.10 所示。

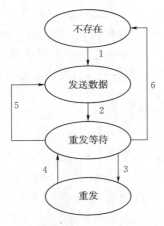
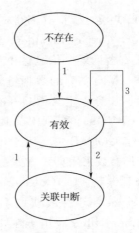

图 5.9　GOOSE 服务发布者状态机制
1～6—逻辑发生的顺序

图 5.10　GOOSE 服务订阅者状态机制
1～3—逻辑发生的顺序

（1）GoEna = True（GOOSE 使能），发布者发送数据集当前数据，StNum = 1，SqNum = 1。

（2）发送数据，SqNum = 0，发布者启动根据允许生存时间确定的重发计时器，重发计时器计时时间比允许生存时间短（通常为一半）。

（3）重发计时器到时触发 GOOSE 报文重发，SqNum 加 1。

（4）GoEna = False，所有的 GOOSE 变位和重发报文均停止发送。

1）订阅者收到 GOOSE 报文，启动允许生存时间定时器。

2）允许生存时间定时器到时溢出。

3）收到有效 GOOSE 变位报文或重发报文，重启允许生存时间定时器。

以某距离保护 A 相跳闸为例说明保护跳闸信号从动作到返回过程中 SendGOOSE-Message 服务的报文时序。

如图 5.11 所示，保护动作前，SendGOOSEMessage 服务以最大重传时间间隔 T_0（图中为 1024ms）重传报文，让接收方能检测到关联的存在，报文数据信息全部是 0，即保护不动作。重传报文时，事件计数器不变 StNum，报文计数器 SqNum 加 1。

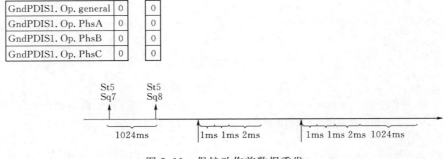

图 5.11　保护动作前数据重发
St—事件计数器；Sq—报文计数器

如图 5.12 所示，保护动作时刻，SendGOOSEMessage 服务立即发送变位报文，事件计数器不变 StNum 加 1，报文计数器 SqNum 清零。报文数据中距离保护总动作和 A 相动作信号为 1；B 相和 C 相动作信号为 0，表明此刻距离保护动作，故障相别为 A 相。

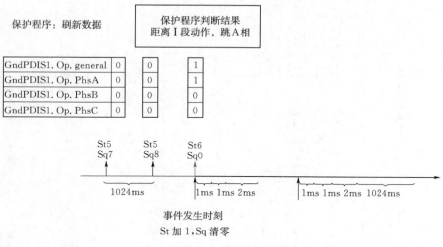

图 5.12　保护动作时刻数据发送

St—事件计数器；Sq—报文计数器

如图 5.13 所示，保护动作过程中，从事件发生时刻第一帧报文发出起，SendGOOSEMessage 服务经过两次最短传输时间间隔 T_1（图中为 1ms）重传两帧报文后，重传间隔时间逐渐加长直至最大重传间隔时间 T_0（图中示例并未到 T_0，保护就返回了，启动新的数据刷新报文），保证了动作信息传递的实时性、可靠性。

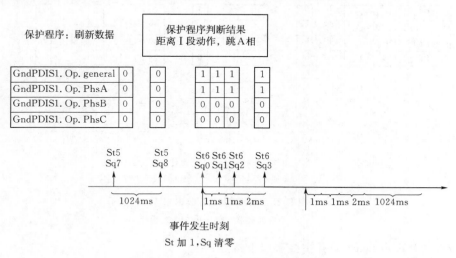

图 5.13　保护动作过程中数据重发

St—事件计数器；Sq—报文计数器

如图 5.14 所示，保护返回时刻与保护动作时刻相似，SendGOOSEMessage 服务立即发送变位报文，事件计数器不变 StNum 加 1，报文计数器 SqNum 清零。报文数据全为 0，表明此刻距离保护返回。

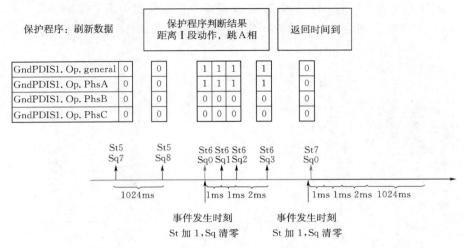

图 5.14　保护返回时刻数据发送

St—事件计数器；Sq—报文计数器

　　如图 5.15 所示，保护返回后，从返回时刻第一帧报文发出起，SendGOOSEMessage 服务经过两次最短传输时间间隔 T_1 重传两帧报文后，重传间隔时间逐渐加长直至最大重传间隔时间 T_0。

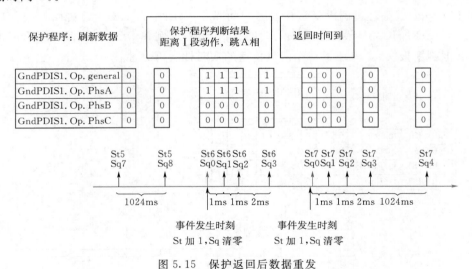

图 5.15　保护返回后数据重发

St—事件计数器；Sq—报文计数器

SendGOOSEMessage 服务主要有以下特点：

　　（1）基于发布者/订阅者结构的组播传输方式。发布者/订阅者结构支持多个通信节点之间的直接通信，与点对点通信结构和客户端/服务器通信结构相比较，发布者/订阅者通信结构是一个数据源（即发布者）向多个接收者（即订阅者）发送数据的最佳方式，尤其适合于数据流量大，实时性要求高，数据需要共享的数据通信，这一点非常适合于变电站内自动化系统的 IED 之间数据交换与共享。发布者/订阅者通信结构符合 GOOSE 报文传输本质，是事件驱动的。

（2）逐渐加长间隔时间的重传机制。为了提高可靠性，通常采用应答方式确定接收者是否收到。如果在一定时间内没有收到应答报文或收到接收错误的报文，发送者可以采取重发的方法弥补前一次通信失败。但是，这种应答方式难以满足快速通信需求，尤其是在报文丢失的情况下，重发可能需要等待较长时间。无需应答确认机制，直接逐渐加长间隔重传报文的方法是网络传输兼顾实时性、可靠性及网络通信流量的最佳方案。

（3）GOOSE 报文携带优先级 VLAN 标志。在数据链路层，为了提高速度，GOOSE 报文采用 VLAN 标签协议，在数据中增加表示优先级的内容，支持 VLAN 标签协议的以太网交换机会根据优先级进行实时处理，保证其实时特性。图 5.16 是以太网交换机优先传输处理带 VLAN 标签帧的报文处理示意图。

（4）应用层经表示层后，直接映射到数据链路层。基于通信功能分层的概念，OSI 参考模型（ISO/IEC 7498-1）给出了详细的通信模型，如图 5.17 所示。为使通信系统稳定可靠，该模型规定了七层，并详细给出了每层的功能要求。

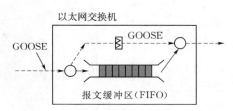

图 5.16　以太网交换机优先传输

图 5.18 为 GOOSE 服务的通信协议栈。从图中可以看出，这一服务只用了国际标准化组织开放系统互联（ISO/OSI）中的四层，不经过会话层、网络层和传输层，其目的是提高可靠性和降低传输延时。

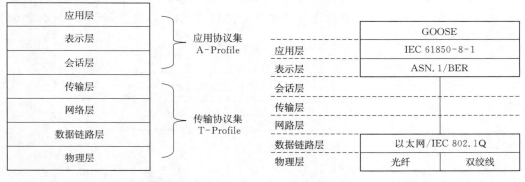

图 5.17　OSI 七层参考模型　　　　图 5.18　GOOSE 通信协议栈

（5）基于数据集传输。数据集是有序的功能约束数据或功能约束数据属性集合。客户端/服务器或发布者/订阅者双边均知道数据集的成员和顺序，因此基于数据集的通信仅需要传输数据集名及其引用的数据或数据属性当前值，这将有效利用通信带宽。另外，经过会话层的标准编码，数据集可以传输标准规定的各种数据类型，包括模拟量、时标、品质等。

5.3.3　GOOSE 报文帧结构

根据 IEC 61850 标准，GOOSE 报文在数据链路层上采用 ISO/IEC 8802.3 协议（即以太网协议），其以太网报文帧格式如图 5.19 所示。

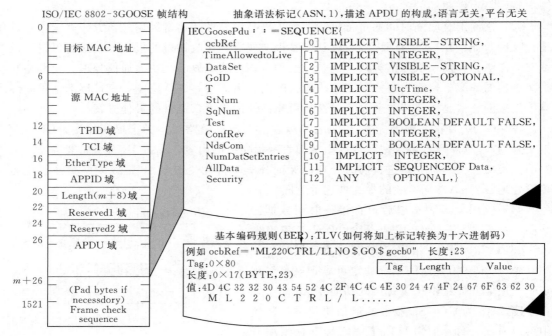

图 5.19　GOOSE 报文以太网帧格式

GOOSE 报文不同于普通以太网报文，在标准的以太网报文头加入了 VLAN 标签，标签中包含了 12bit 的虚拟局域网标识码（VLAN 标签）和 3bit 的报文优先级码（流量优先权），可实现网络 VLAN 隔离和优先传输（交换机须支持），优先级/VLAN 标志帧格式如图 5.20 所示。

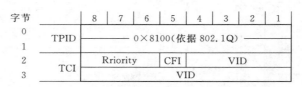

图 5.20　优先级/VLAN 标签

1. MAC 地址域

为了传输 GOOSE 报文，必须配置符合 ISO/IEC 8802 - 3 的多播目的地址。

2. TPID（标志协议标识）域

表示为 VLAN 标签以太网编码帧的以太网类型，该值为 0×8100。

3. TCI（标志控制信息）域

Priority（用户优先级），用户优先级值由配置设定，用于将采样值和对时间要求苛刻的保护相关 GOOSE 报文与低优先级的网络负荷分开。VLAN 标签允许带有优先级的实现，长度为 3bit（0～7），高优先级的帧应具有优先级 4～7，低优先级具有 1～3。值 1 是无标志帧的优先级，0 应避免使用，对于正常网络流量，可能引起不可预测的延迟。

CFI（标准格式指示位），一个一位长度标识值。CFI 值为 0 说明是规范格式，1 为非规范格式，GOOSE 报文是标准格式，因此值应为 0。

VID（虚拟 LAN 标识），长度为 12bit（0～4095），0 表示不属于任何 VLAN，VID 为可由系统配置设置。

4. EtherType（以太网报文类型）域

基于 ISO/IEC 8802-3MAC 子层的以太网类型被 IEEE 权威机构注册。GOOSE 直接映射到保留的以太网类型和以太网类型协议数据单元，分配值为 0×88B8。

5. APPID（应用标识）域

APPID 用于选择含有 GSE 管理和 GOOSE 报文的 ISO/IEC 8802-3 帧并能够区分应用关联。GOOSE 的 APPID 预留值范围是 0×0000 到 0×3fff。如 APPID 未配置，其缺省值为 0×0000。缺省值用于表示缺乏配置。强烈建议在一个系统中，使用面向源的、唯一的 GOOSE 应用标识 APPID，这应由配置系统强制实施。

6. Length（长度）域

长度字节数包含从 APPID 开始以太网 PDU 和应用协议数据单元 APDU 的长度（图5.20）。故长度应是 $8+m$，其中 m 是 APDU 的长度，且 $m<1492$。与此不一致的帧或非法长度域的帧将被丢弃。

7. Reserved1 和 Reserved2（保留 1 和保留 2）域

为未来标准化的应用而保留（在 IEC 61850 标准第二版已部分定义用于测试设备标记和根据 IEC 62351 标准定义的加密域），缺省值为 0。

8. APDU（报文内容）域

使用抽象语法标记（ASN.1），描述 APDU 的构成，包含以下数据内容：

（1）GoCBReference，可视字符串，GOOSE 控制块引用名。

（2）TimeAllowedtoLive，32 位无符号整形数，允许生存时间。

（3）DataSet，可视字符串，数据集引用名。

（4）GoID，可视字符串，GOOSE 标识符。

（5）T，Utc 时间，状态号 StNum 加 1 时的时间。

（6）StNum，32 位无符号整形数，状态号计数器，数据集成员值发生变化发送 GOOSE 报文时该序号加 1。

（7）SqNum，32 位无符号整形数，顺序号计数器，每重发一次 GOOSE 报文，该序号加 1，每次状态号加 1 时，该序号清零。

（8）Test，布尔量，检修位，该参数为 True 时表示报文的值不得用于运行。

（9）ConfRev，32 位无符号整形数，配置版本号，GOOSE 数据集引用成员发生变化或重新排序时，版本号加 1。

（10）NdsCom，布尔量，需要重新配置标识，如果数据集属性为空或数据大小超出 SCSM 规定的最大值，则 NdsCom 应设置 True。

（11）NumDatSetEntries，32 位无符号整形数，数据集成员个数。

（12）AllData，所有引用数据。

（13）Security，加密信息（一般不用）。

下面以某 GOOSE 报文实例解析，如图 5.21 所示。

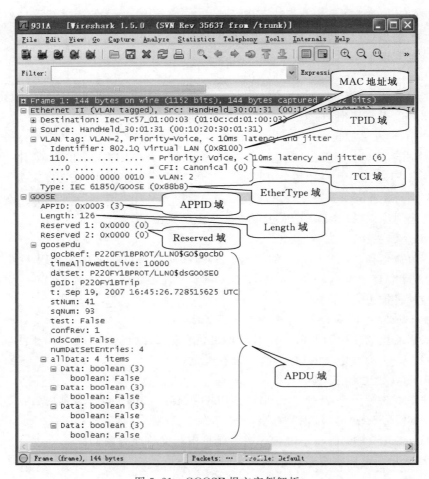

图 5.21　GOOSE 报文实例解析

（1）MAC 地址域。包含目的地址 01：0c：cd：01：00：03 和源地址 00：10：20：30：00：31。

（2）TPID 域。0×8100，表示为 VLAN 标签以太网编码帧。

（3）TCI 域。优先级为 6；规范格式，VLAN ID 为 2。

（4）EtherType 域。0×88b8，表示为 GOOSE 报文类型。

（5）APPID 域。0×0003，表示 APPID 为 3。

（6）Length 域。126，表示从 APPID 开始以太网 PDU 头和 APDU 的长度为 126 个字节。

（7）Reserved 域。0×0000 和 0×0000 保留字段。

（8）APDU 域。包含以下数据内容：

1）GoCBReference。P220FY1BPROT/LLN0 \$ GO \$ gocb0。

2）TimeAllowedtoLive。10000ms。

3）DataSet。P220FY1BPROT/LLN0 \$ dsGOOSE0。

4）GoID。"P220FY1BTrip"。

5) T。2007 - 9 - 19 16：45：26.729UTC。

6) StNum。41。

7) SqNum。93。

8) Test。False。

9) ConfRev。1。

10) NdsCom。False。

11) NumDatSetEntries。4。

12) AllData。4 个值都是 False 的布尔量。

5.3.4 GOOSE 二维表的检查与应用

GOOSE 报文主要用于保护装置的跳、合闸命令，测控装置的遥控命令，保护装置间的信息（启动失灵、闭锁重合闸、远跳等），一次设备的遥信信号，间隔层的联锁信息等对总传输时间要求高的简单快速信息。为高效便捷地监视各 GOOSE 链路的通信状态，智能变电站监控后台制作了 GOOSE 二维表。正常运行时，运维人员通过监控后台告警窗的告警信息和 GOOSE 联系二维表监视 GOOSE 通信链路状态。

5.3.4.1 GOOSE 二维表检查方法

依照 GOOSE 二维表内容，对表中监视回路逐个进行验证。模拟 GOOSE 断链（拔出发布方装置对应光口光缆），等待订阅方装置告警发出，后台观察 GOOSE 二维表中对应告警灯应由绿色变为红色。等待时间应接近 4 倍 T_0。

5.3.4.2 GOOSE 断链告警初步判断与处理

监控后台发 GOOSE 断链告警信号时，现场根据 GOOSE 二维表做出判断，同时结合网络分析仪进行辅助分析确定故障点，判断 GOOSE 断链告警是否误报，若无误报，确定 GOOSE 断链是由于发送方故障引起或接收方、网络设备等引起。进行现场检查，并按现场运行规程进行处理。

5.3.4.3 GOOSE 网络通信检查

（1）装置与 GOOSE 网络通信正常时，可以正确发送、接收到相关的 GOOSE 信息。

（2）GOOSE 通信中断应送出告警信号，设置网络断链告警。在接收报文的允许生存时间（TimeAllowedtoLive）的 2 倍时间内没有收到下一帧 GOOSE 报文时判断为中断。双网通信时须分别设置双网的网络断链告警。

（3）GOOSE 通信时对接收报文的配置不一致信息须送出告警信号，判断条件为配置版本号及 DA 类型不匹配。

（4）对照 GOOSE 链路二维表，逐个验证 GOOSE 断链告警正确。

5.4 整 站 通 流 试 验

5.4.1 220kV 一次通流试验

三相升流仪的基本原理是将 380V 动力电源通过大容量降压变，输出可以调节的低电压。一次通流时，三相升流仪加在一次导体和大地之间，通过操作开关、隔离开关及接地开关，使得一次导体和大地构成导电回路，利用三相升流仪的输出电压，产生较大的短路电流，例如100A。通过该短路电流对电子式TA的变比、极性进行验证。220kV一次通流主接线如图5.22所示。

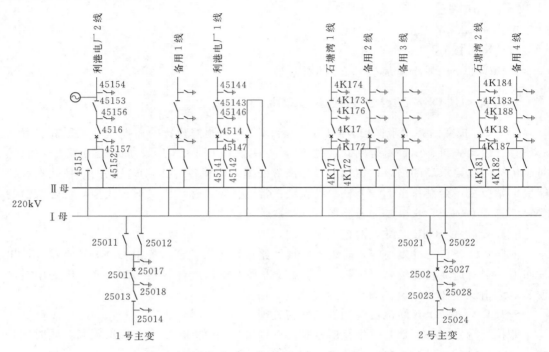

图 5.22　220kV一次通流主接线图

根据图5.22所示，220kV一次通流试验的系统主接线，利港2线、1号主变、利港线、2号主变、石塘湾1线运行于Ⅰ母，母联合环运行，石塘湾2线运行于Ⅱ母。将利港2线出线接地开关和GIS外壳之间的联片解开，在其中串入三相升流仪。220kV部分一次通流试验步骤如下。

（1）通过合1号主变25014接地开关，1号主变电子式TA的变比和极性。测试完成后，分开1号主变25014接地开关。

（2）通过合利港1线45144接地开关，构成利港2线、利港1线导电回路，利用短路电流测试利港1线电子式TA的变比和极性。测试完成后，分开利港1线45144接地开关。

（3）通过合2号主变25024接地开关，构成利港2线、2号主变导电回路，利用短路电流测试2号主变电子式TA的变比和极性。测试完成后，分开2号主变25024接地开关。

（4）通过合石塘湾1线4K174接地开关，构成利港2线、石塘湾1线导电回路，利用短路电流测试石塘湾1线电子式TA的变比和极性。测试完成后，分开石塘湾1线4K174接地开关。

（5）通过合石塘湾2线4K184接地开关，构成利港2线、母联、石塘湾2线导电回路，利用短路电流测试母联、石塘湾2线电子式TA的变比和极性。测试完成后，分开石塘湾2线4K184接地开关。

5.4.2　110kV 一次通流试验

110kV 部分一次通流试验的基本方法同于 220kV 部分的一次通流试验。如图 5.23 所示，解开邓巷接地开关和 GIS 外壳之间的联片，将三相升流仪串入其中。邓巷、邓巷（前洲）、前洲、唐义、姑亭、备用 1 线、备用 2 线、1 号主变、2 号主变运行于Ⅰ母，母联开关合环运行，备用 3 线运行于Ⅱ母。在邓巷由于 110kV 出线较多，110kV 部分一次通流试验步骤如下：

（1）通过合邓巷（前洲）7E24 接地开关，构成邓巷、邓巷（前洲）导电回路，利用短路电流测试邓巷、邓巷（前洲）电子式 TA 的变比和极性。测试完成后，分开邓巷、邓巷（前洲）7E24 接地开关。

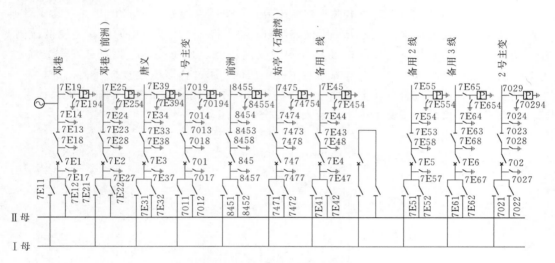

图 5.23　110kV 一次通流接线图

（2）通过合前洲线 8454 接地开关，构成邓巷、前洲导电回路，利用短路电流测试前洲线电子式 TA 的变比和极性。测试完成后，分开前洲 8454 接地开关。

（3）通过合唐义线 7E34 接地开关，构成邓巷、唐义线导电回路，利用短路电流测试唐义线电子式 TA 的变比和极性。测试完成后，分开唐义线 7E34 接地开关。

（4）通过合姑亭线 7474 接地开关，构成邓巷、姑亭线导电回路，利用短路电流测试姑亭线电子式 TA 的变比和极性。测试完成后，分开姑亭线 7474 接地开关。

（5）通过合备用 1 线 7E44 接地开关，构成邓巷、备用 1 线导电回路，利用短路电流测试备用 1 线电子式 TA 的变比和极性。测试完成后，分开备用 1 线 7E44 接地开关。

（6）通过合备用 2 线 7E54 接地开关，构成邓巷、备用 2 线导电回路，利用短路电流测试备用 2 线电子式 TA 的变比和极性。测试完成后，分开备用 2 线 7E54 接地开关。

（7）通过合 1 号主变 7014 接地开关，构成邓巷、1 号主变导电回路，利用短路电流测试 1 号主变电子式 TA 的变比和极性。测试完成后，分开 1 号主变 7014 接地开关。

（8）通过合 2 号主变 7024 接地开关，构成邓巷、2 号主变导电回路，利用短路电流测试 2 号主变电子式 TA 的变比和极性。测试完成后，分开 2 号主变 7024 接地开关。

（9）通过合备用 3 线 7E64 接地开关，构成邓巷、母联开关、备用 3 线导电回路，利用短路电流测试母联开关、备用 3 线电子式 TA 的变比和极性。测试完成后，分开备用 3 线 7E64 接地开关。

5.4.3　主变一次通流试验

由于主变阻抗较大，使用三相升流仪无法提供可供仪表精确测量的电流。所以只能考虑使用现场 380V 动力电源作为电源，通过操作主变各侧断路器、隔离开关及接地开关，构成导电回路，利用短路电流对主变各侧和公共绕组 TA 的变比和极性进行测试。

进行主变一次通流试验，首先需要根据主变铭牌参数计算出主变模型，得出主变通流的一次电流。如果将 380V 动力电源加在主变高压侧，合主变中压侧接地开关，构成导电回路，则一次短路电流很小，无法使用仪表测量。如果将 380V 动力电源加在主变低压侧，合主变高压侧接地开关，构成导电回路，则主变高压侧电压过高，危及人身安全。因此，主变一次通流选择将 380V 动力电源加在主变中压侧，通过合高压侧接地开关，进行高—中压侧通流试验；通过合低压侧接地开关，进行低—中压侧通流试验，这样既可以提供足够仪表测量的一次电流，又不产生危及人身安全的电压。

1. 主变模型计算

1 号主变模型如图 5.24 所示，铭牌参数见表 5.3。

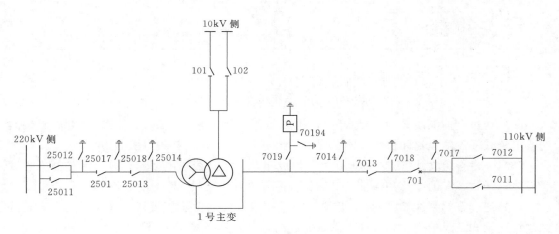

图 5.24　1 号主变模型

表 5.3　　　　　　　　　　　　1 号 主 变 铭 牌 参 数

参数名	数值	参数名	数值	参数名	数值
高压侧额定容量	180MVA	高压侧额定线电压	220kV	高压侧额定线电流	472.36A
中压侧额定容量	180MVA	中压侧额定线电压	110kV	中压侧额定线电流	944.73
低压侧额定容量	60MVA	低压侧额定线电压	10kV	低压侧额定线电流	3464.00A
$U_{1-2}/\%$	13	$U_{1-3}/\%$	64	$U_{2-3}/\%$	47

通过阻抗短路比的定义，不考虑主变励磁阻抗，可计算出主变高—中压侧阻抗和中—低压侧阻抗，见表5.4。

表5.4   主 变 短 路 阻 抗   单位：Ω

参数名	数值	参数名	数值	参数名	数值
XT_1（归算高压侧）	40.34	XT_2（归算高压侧）	−5.38	XT_3（归算高压侧）	131.76
XT_{1-2}（归算高压侧）	34.96	XT_{1-3}（归算高压侧）	172.10	XT_{2-3}（归算中压侧）	31.60

2. 主变高—中压一次通流试验

1号主变高—中压一次通流接线如图5.25所示。

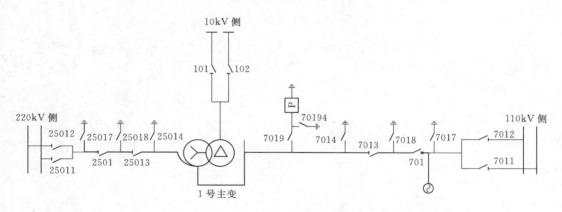

图5.25   1号主变高—中压一次通流接线图

将380V动力电源加装在主变中压侧，通过合主变高压侧接地开关，构成导电回路。由于 $XT_{1-2}=34.96$ 是归算到高压侧，所以动力电源折算到高压侧的相电压是 $U=220×2=440$（V），$Z=34.96$，根据电路原理，得出一次、二次电流，见表5.5。

表5.5   主变一次、二次电流

TA名称	相别	一次电流/A	二次电流/mA
高压侧TA（2500/5）	A	12.58	25
	B	12.58	25
	C	12.58	25
中压侧TA（2000/5）	A	25.16	62.9
	B	25.16	62.9
	C	25.16	62.9
公共绕组TA（600/5）	A	12.58	104.8
	B	12.58	104.8
	C	12.58	104.8

3. 主变中—低压一次通流试验

1号主变中—低压一次通流接线如图5.26所示。

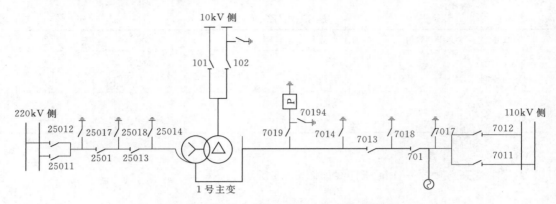

图 5.26　1号主变中—低压一次通流接线图

将 380V 动力电源加装在主变中压侧，通过合主变低压侧接地开关，构成导电回路。在中压侧加 380V 动力电源，由于 $XT_{2-3}=31.60$ 是归算到中压侧，所以 $U=220\text{V}$，$Z=31.60$，根据电路原理，得出一次、二次电流，见表5.6。

表 5.6　　　　　　　　　　　　　　　　主变一次、二次电流

TA 名称	相别	一次电流/A	二次电流/mA
中压侧 TA (2000/5)	A	6.96	17.4
	B	6.96	17.4
	C	6.96	17.4
低压侧 TA (2500/5)	A	76.56	153
	B	76.56	153
	C	76.56	153

第6章 智能变电站常见安全措施及示例

6.1 智能变电站装置安全措施隔离技术及原则

6.1.1 智能变电站装置安全措施隔离技术

（1）检修压板。报文接收装置将接收到 GOOSE 报文 Test 位、SV 报文数据品质 Test 位与装置自身检修压板状态进行比较，做"异或"逻辑判断，两者一致时，信号进行处理或动作，两者不一致时则报文视为无效，不参与逻辑运算。

（2）软压板。软压板分为发送软压板和接收软压板，用于从逻辑上隔离信号输入、输出。装置输入信号由保护输入信号和接收压板数据对象共同决定，装置输出信号由保护输出信号和发送压板数据对象共同决定，通过改变软压板数据对象的状态便可以实现某一路信号的通断。

（3）光纤。断开装置间的光纤能够保证检修装置（新上装置）与运行装置的可靠隔离。

（4）智能终端出口硬压板。智能终端二次回路中的出口硬压板可以作为一个明显电气断开点实现该二次回路的通断。

6.1.2 "三信息"比对的安全措施隔离技术

"三信息"比对的安全措施隔离技术包括投入或退出检修装置（新上装置）检修压板、软压板，投入或退出相关联装置检修压板、软压板。在检修装置（新上装置）、相关联装置及后台监控系统核对相应装置检修压板、软压板状态，确认安全措施是否执行到位。

可将"三信息"进行智能分析后以图形化显示装置检修状态和二次虚回路连接状态。二次虚回路包含但不仅限于软压板状态、交流回路、跳闸回路、合闸回路、启动失灵回路等。可视化展示图形如图 6.1 所示。

"三信息"比对的安全措施可视化展示图形宜满足以下要求：

（1）以装置为核心显示该装置与其他装置二次回路的连接情况。

（2）应明确标识二次回路中信息流内容，并能直观显示信息流发送方和接收方。

（3）装置软压板应以图形方式展现在对应的虚端子连线上，并以直观方式区分软压板的投、退状态。

（4）装置检修压板应以图形方式展现在装置框内，并以直观方式区分检修压板的投、退状态。

（5）装置名称、软压板名称应与调度双重化命名一致。

（6）变电站 SCD 文件内应体现装置软压板与虚回路的关联关系。

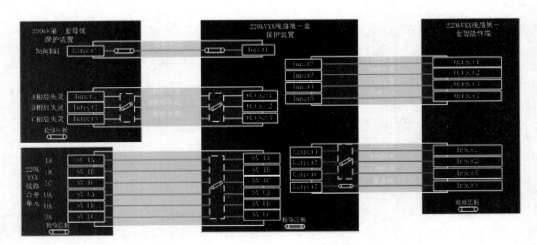

图 6.1　"三信息"比对安全措施可视化展示图形

6.1.3　安全措施实施原则

为保证检修装置（新上装置）与运行装置的安全隔离，智能变电站继电保护作业安全措施应该遵循以下原则：

（1）间隔二次设备检修时，原则上应停役一次设备，并与运行间隔做好安全隔离措施。

（2）双重化配置的二次设备仅单套装置（除 MU）发生故障时，可不停役一次设备进行检修处理，但应防止无保护运行。

（3）智能终端出口硬压板、装置间的光纤插拔可实现具备明显断点的二次回路安全措施。

（4）由于断开装置间光纤的安全措施存在检修装置（新上装置）试验功能不完整、光纤接口使用寿命缩减、正常运行装置逻辑受影响等问题，作业现场应尽量避免采用断开光纤的安全措施。"三信息"比对的安全措施隔离技术可以代替光缆插拔的二次回路安全措施隔离技术。

（5）通过"三信息"比对或安全措施可视化界面核对检修装置（新上装置）、相关联的运行装置的检修状态以及相关软压板状态等信息，确认安全措施执行到位后方可开展工作。

（6）对于确无法通过退软压板停用保护，且与之关联的运行装置未设置接收软压板的 GOOSE 光纤回路，可采取断开 GOOSE 光纤的方式实现隔离，不得影响其他装置的正常运行。断开 GOOSE 光纤回路前，应对光纤做好标识，取下的光纤应用相应保护罩套好光接头，防止污染物进入光器件或污染光纤端面。

（7）双重化配置间隔中，单一元件在保护装置异常时，应放上装置检修压板，重启装置一次；智能终端异常时，应取下出口硬压板，放上装置检修压板，重启装置一次；间隔 MU 异常时，应放上装置检修压板，重启装置一次；装置重启后若异常消失，应将装置恢复到正常运行状态；装置重启后若异常没有消失，应保持该装置重启时状态，必要时申请停役一次设备（见厂站运行规程）。

（8）装置异常处理后需进行补充试验，确认装置正常，以及配置和定值正确；保持装置检修压板处于投入状态、发送软压板处于退出状态后，接入光缆；检查通信链路恢复、传动试验正常后装置方可投入运行。

（9）GOOSE 交换机异常时，重启一次；更换交换机后，需确认交换机配置与原配置一致、相关装置链路通信正常。

（10）主变非电量智能终端装置发生 GOOSE 断链时，非电量智能终端可继续运行，应加强运行监视。

6.2　220kV 线路保护安全措施

6.2.1　220kV 线路保护典型配置和网络联系

以 220kV 线路间隔第一套线路保护为例，其典型配置以及与其他保护装置的网络联系示意图如图 6.2 所示。

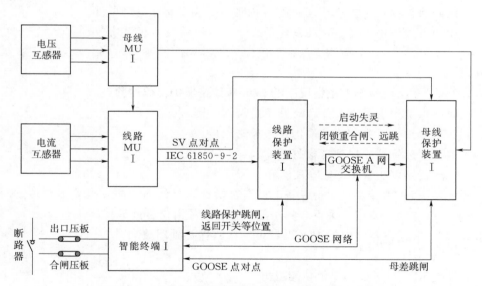

图 6.2　220kV 线路保护典型配置和网络联系示意图

6.2.2　现有技术条件下安全措施实施细则

6.2.2.1　一次设备停电情况下的 220kV 线路保护检修校验

1. 采用电子式互感器

（1）母线保护退出 GOOSE 启动失灵接收软压板。

（2）线路保护及线路保护智能终端均投入检修压板。

（3）取下线路保护背板 SV 输入光纤。

注释：第（1）项涉及在运行设备上做安全措施，目的在于防止线路保护传动时误启动失灵。

2. 采用传统互感器

不带 MU 做试验时：同电子式互感器。

带 MU 做试验时：

（1）母线保护退出本间隔 SV 接收压板。

（2）母线保护退出 GOOSE 启动失灵接收软压板。

（3）MU、线路保护及线路保护智能终端均投入检修压板。

（4）在 MU 端子排将 TA 和 TV 回路打开。

注释：第（1）、第（2）项涉及在运行设备上做安全措施；第（2）项安全措施的目的在于防止线路保护传动时误启动失灵。第（4）项安全措施可以在 MU 前加量做试验。

3. 220kV 线路间隔停电检修时失灵传动方法

两套分别传动，以第一套为例。

（1）MU、线路保护、智能终端投检修硬压板。

（2）对应母线保护投检修硬压板。

（3）母线上其他运行间隔第一套智能终端打开跳闸硬压板。

（4）线路保护模拟失灵启动（从 MU 前加量，满足有流判别条件）。

（5）检查母线保护失灵是否动作，母线上运行间隔第一套智能终端是否有跳闸信号。

注释：第（3）项安全措施优点在于确保其他线路间隔不误跳闸，缺点在于扩大了安全措施范围。

6.2.2.2 一次设备不停电情况下的 220kV 线路保护检修校验

（1）母线保护退出 GOOSE 启动失灵接收软压板。

（2）线路保护及对应智能终端均投入检修压板。

（3）对应智能终端出口硬压板打开。

（4）取下线路保护背板 SV 输入光纤。

注释：第（1）项涉及在运行设备上做安全措施，目的在于防止线路保护传动时误启动失灵；第（2）项会造成失去重合闸功能，且上送的遥信量处于检修状态。

6.2.2.3 一次设备停电情况下的 220kV 线路保护处理缺陷

1. MU 缺陷

（1）缺陷 MU 对应线路保护功能退出。

（2）缺陷 MU 对应的母线保护把本间隔投入软压板退出。

注释：第（1）项安全措施，独立线路保护情况下，装置可整体退出，测保一体装置情况下，退出保护功能，主要考虑装置还负责转送隔离开关位置等测控功能，如整体退出，则转送的隔离开关位置失效；第（2）项涉及在运行设备上做安全措施。

2. 线路保护装置缺陷

缺陷线路保护背板 SV、GOOSE 光纤全部取下。

注释：会造成对应运行母线保护告警，可采取退出母线保护 GOOSE 启动失灵接收软压板的方法使告警消失，处理完毕后注意恢复措施；会造成对应智能终端告警。

3. 智能终端缺陷

缺陷智能终端背板 GOOSE 光纤全部取下。

注释：缺陷会造成线路保护、母线保护、测控装置告警。

6.2.2.4　一次设备不停电情况下的 220kV 线路保护处理缺陷

1. MU 缺陷

（1）缺陷 MU 对应线路保护功能退出。

（2）缺陷 MU 对应母线保护整体退出。

注释：第（1）项安全措施，独立线路保护情况下，装置可整体退出，测保一体装置情况下，退出保护功能，主要考虑装置还负责转送隔离开关位置等测控功能，如整体退出，则转送的隔离开关位置失效；第（2）项涉及在运行设备上做安全措施。

2. 线路保护装置缺陷

缺陷线路保护背板 SV、GOOSE 光纤取下。

注释：缺陷会造成对应运行母线保护告警，可采取退出母线保护 GOOSE 启动失灵接收软压板的方法使告警消失，处理完毕后注意恢复措施；缺陷会造成对应智能终端告警。

线路保护缺陷时处理过程：投入该线路保护检修压板，重启装置一次，重启后若异常消失，将装置恢复到正常运行状态；若异常没有消失，保持该装置重启时状态。在不停用一次设备时，二次设备做如下补充安全措施：

（1）缺陷处理时。

1）退出 220kV 第一套母线保护该间隔 GOOSE 启动失灵接收软压板。

2）退出该间隔第一套线路保护内 GOOSE 出口软压板、启动失灵软压板。

3）如有需要可取下线路保护至对侧纵联光纤及线路保护背板光纤。

（2）缺陷处理后传动试验时。

1）退出 220kV 第一套母线保护内运行间隔 GOOSE 出口软压板、失灵联跳软压板，放上 220kV 第一套母线保护检修压板。

2）退出该间隔第一套智能终端出口硬压板，放上该智能终端检修压板。

3）如有需要取下线路保护至线路对侧纵联光纤、解开该智能终端至另外一套智能终端闭锁重合闸回路。

4）本安全措施方案可传动至该间隔智能终端出口，如有必要可停役一次设备做完整的整组传动试验。

3. 智能终端缺陷

（1）缺陷智能终端的保护跳合闸出口硬压板退出。

（2）取下全部缺陷智能终端背板 GOOSE 光纤。

注释：缺陷会造成线路保护、母线保护、测控装置告警；第一套智能终端处理缺陷时，重合闸功能失去。

智能终端缺陷时处理过程：取下出口硬压板，放上装置检修压板，重启装置一次，重启后若异常消失，将装置恢复到正常运行状态；若异常没有消失，保持该装置重启时状态。在不停用一次设备时，二次设备做如下补充安全措施：

（1）缺陷处理时。

1）退出该间隔第一套线路保护内 GOOSE 出口软压板、启动失灵软压板。

2）投入 220kV 第一套母线保护内该间隔的隔离开关强制软压板。

3）如有需要解开至另外一套智能终端闭锁重合闸回路。

4）如有需要可取下智能终端背板光纤。

（2）缺陷处理后传动试验时。

1）退出 220kV 第一套母线保护内运行间隔 GOOSE 出口软压板、失灵联跳软压板，放上该母线保护检修压板。

2）放上该间隔第一套线路保护检修压板。

3）如有需要可取下该间隔第一套线路保护至线路对侧纵联光纤，解开该智能终端至另外一套智能终端闭锁重合闸二次回路。

4）本安全措施方案可传动至该间隔智能终端出口，如有必要可停役一次设备做完整的整组传动试验。

6.3 主变保护安全措施

6.3.1 主变保护典型配置和网络联系

以 220kV 变电站第一套主变保护为例，其典型配置以及与其他保护装置的网络联系示意图，如图 6.3 所示。

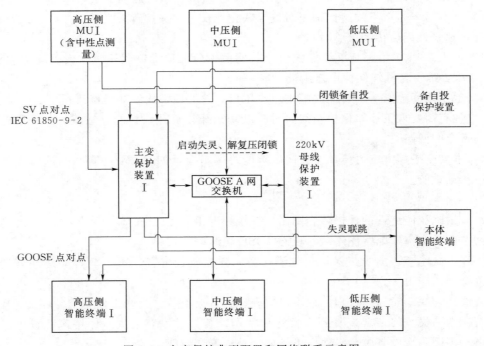

图 6.3 主变保护典型配置和网络联系示意图

6.3.2 现有技术条件下安全措施实施细则

6.3.2.1 变压器停电情况下的主变保护检修校验

1. 采用电子式互感器

(1) 母线保护退出变压器启动失灵，解除复压闭锁 GOOSE 接收压板。

(2) 主变保护、主变保护各侧智能终端均投入检修硬压板。

(3) 取下主变保护背板 SV 输入光纤。

注释：第（1）项涉及在运行设备上做安全措施，目的在于防止主变保护传动时误启动失灵。

2. 采用传统互感器

不带 MU 做试验时：同电子式互感器。

从 MU 前加量做试验时：

(1) 母线保护退出变压器高、中压侧 SV 接收压板。

(2) 母线保护退出变压器启动失灵、解除复压闭锁 GOOSE 接收压板。

(3) 主变各侧 MU、主变保护、主变各侧智能终端均投入检修硬压板。

(4) 主变各侧 MU 端子排将 TA 和 TV 回路打开。

注释：第（1）、第（2）项涉及在运行设备上做安全措施；第（2）项安全措施的目的在于防止主变保护传动时误启动失灵。

6.3.2.2 变压器不停电情况下的主变保护检修校验

主变保护背板 SV、GOOSE 光纤全部取下。

注释：此种情况下只能进行单装置校验；会造成运行母线保护告警，可采取母线保护退出变压器启动失灵、解除复压闭锁 GOOSE 接收压板的方法解除告警，校验完成后注意恢复措施。

6.3.2.3 变压器停电情况下的主变保护处理缺陷

1. 某侧 MU 缺陷

缺陷 MU 对应的母线保护把本间隔投入软压板退出。

注释：涉及在运行设备上做安全措施；中性点 MU 不接入母线，不用采取上述措施。

2. 主变保护缺陷，需做保护功能试验

主变保护背板 SV、GOOSE 光纤全部取下。

注释：会造成对应运行母线保护告警，可采取退出变压器启动失灵、解除复压闭锁 GOOSE 接收压板的方法使告警消失，处理完毕后注意恢复措施；会造成对应智能终端告警。

3. 某侧智能终端缺陷

缺陷智能终端背板 GOOSE 光纤全部取下。

注释：会造成主变保护、母线保护、测控装置告警；中低压侧备自投已自动闭锁退出，不用做安全措施。

6.3.2.4 变压器不停电情况下的主变保护处理缺陷

1. 某侧 MU 缺陷

(1) 缺陷 MU 对应主变保护整体退出。

(2) 缺陷 MU 对应母线保护整体退出。

注释：中性点 MU 不接入母线，不用采取第（2）项安全措施。

2. 主变保护缺陷，需做保护功能试验

主变保护背板 SV、GOOSE 光纤全部取下。

注释：会造成对应运行母线保护告警，可采取母线保护退出变压器启动失灵、解除复压闭锁 GOOSE 接收压板的方法使告警消失，处理完毕后注意恢复措施；会造成对应智能终端告警。

3. 某侧智能终端缺陷

(1) 缺陷智能终端的保护跳合闸出口硬压板退出。

(2) 缺陷智能终端背板 GOOSE 光纤全部取下。

注释：会造成主变保护、母线保护、测控装置告警；中低压侧备自投已自动闭锁退出，不用做安全措施。

6.4 220kV 母线保护安全措施

6.4.1 220kV 母线保护典型配置和网络联系

以 220kV 母线间隔第一套母线保护为例，其典型配置以及与其他保护装置的网络联系示意图如图 6.4 所示。

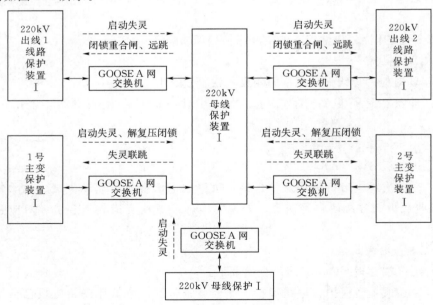

图 6.4 220kV 母线保护典型配置和网络联系示意图

6.4.2 现有技术条件下安全措施实施细则

6.4.2.1 一次设备不停电情况下的 220kV 母线保护检修校验

（1）母线保护投入检修压板。

（2）退出母线保护所有运行间隔的 GOOSE 发送软压板，包括母联 GOOSE 发送、主变 GOOSE 发送、线路 GOOSE 发送、对应主变失灵联跳、Ⅰ母线动出口、Ⅱ母线动出口等软压板。

（3）对应主变退失灵联跳 GOOSE 接收软压板。

（4）仅将需要的母线保护背板 SV 输入光纤取下，其余间隔 SV 接收压板退出。

注释：第（2）项安全措施会导致母线保护跳各间隔以及与线路保护、变压器保护间的联跳、联闭锁逻辑无法验证，建议不做这条措施；第（3）项涉及在运行设备上做安全措施；按"六统一"要求，线路保护不设 GOOSE 接收压板，因此没有对应第（3）项的项目。

6.4.2.2 一次设备不停电情况下的 220kV 母线保护处理缺陷

只考虑母线保护缺陷，需做保护功能试验的情况。将母线保护背板所有 SV、GOOSE 光纤取下。

注释：会造成接收母线 GOOSE 信息的间隔保护（包括线路、母联、主变等）告警。

6.5 220kV 母联保护安全措施

6.5.1 220kV 母联保护典型配置和网络联系

以 220kV 母联间隔第一套母联保护为例，其典型配置以及与其他保护装置的网络联系示意图如图 6.5 所示。

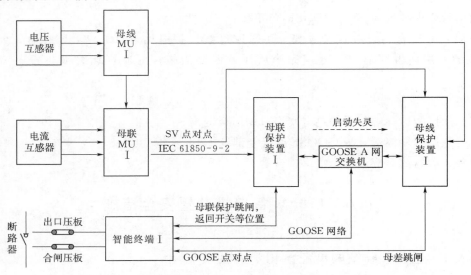

图 6.5 220kV 母联保护典型配置和网络联系示意图

6.5.2 现有技术条件下安全措施实施细则

6.5.2.1 母联开关在检修位置时的母联保护检修校验

1. 采用子式互感器

（1）母联保护及母联保护智能终端均投入检修压板。

（2）母线保护退出 GOOSE 启动失灵接收软压板。

（3）母联保护背板 SV 输入光纤取下。

注释：第（2）项涉及在运行设备上实行安全措施，目的在于防止母联保护传动时误启动失灵。

2. 采用传统互感器

不带 MU 做试验时：同电子式互感器。

带 MU 加量做试验时：

（1）母线保护退出本间隔 SV 接收压板。

（2）母线保护退出 GOOSE 启动失灵接收软压板。

（3）MU、母联保护及母联保护智能终端均投入检修压板。

（4）在 MU 端子排将 TA 和 TV 回路打开。

注释：第（1）、第（2）项涉及在运行设备上做安全措施；第（2）项安全措施的目的在于防止母联保护传动时误启动失灵。

6.5.2.2 母联开关在运行位置时的母联保护处理缺陷

1. MU 缺陷

（1）缺陷 MU 对应母联保护功能退出。

（2）缺陷 MU 对应母线保护整体退出。

2. 母联保护装置缺陷，需做保护功能试验

缺陷母联保护背板 SV、GOOSE 光纤取下。

注释：对应运行母线保护告警，可采取母线保护退出母联 GOOSE 启动失灵接收软压板的方法使告警消失，处理完毕后注意恢复措施；对应智能终端告警不必采取措施。

3. 智能终端缺陷

（1）缺陷智能终端的保护跳合闸出口硬压板退出。

（2）缺陷智能终端背板 GOOSE 光纤全部取下。

注释：会造成对应运行母线保护告警。

6.6 110kV 备自投装置安全措施

6.6.1 备自投装置典型配置和网络联系

以 110kV 备自投装置为例，其典型配置以及与其他保护装置的网络联系示意图，如

图 6.6 所示。

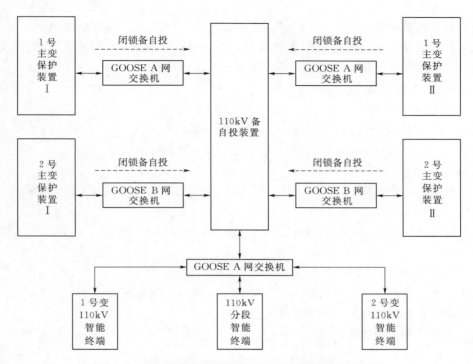

图 6.6 110kV 备自投装置典型配置和网络联系示意图

6.6.2 现有技术条件下安全措施实施细则

6.6.2.1 一次设备部分停电情况下（一台变压器和分段开关停电，另一台变压器运行）的备自投装置检修校验

1. 采用电子式互感器

（1）备自投装置及智能终端、主变受总对应的智能终端均投入检修压板。

（2）备自投装置背板 SV 输入光纤取下。

注释：35kV 备自投不配置智能终端，参照执行。

2. 采用传统互感器

不带 MU 做试验时：同电子式互感器。

带 MU 加量做试验时：

（1）110kV 母线保护退出主变 110kV 开关、分段间隔投入压板。

（2）主变保护、主变 110kV 开关 MU 及智能终端、备自投装置、备自投 MU 及智能终端均投入检修压板。

（3）在 MU 端子排将 TA 和 TV 回路打开。

注释：35kV 备自投不配置智能终端，参照执行。

6.6.2.2 一次设备不停电（两台主变运行，分段开关停用）情况下的备自投装置检修校验

（1）备自投装置背板 SV、GOOSE 光纤全部取下（至分段开关智能终端除外）。

（2）传动主变后备过流保护闭锁备自投时，将备自投装置背板 GOOSE 组网光纤恢复，两套主变保护分别投检修压板，备自投装置投检修压板。

6.6.2.3 备自投装置处理缺陷

1. 分段开关 MU 缺陷

缺陷 MU 对应的母线保护退出本间隔投入软压板。

注释：防止母线保护闭锁、告警，不影响母线保护运行。

2. 备自投装置缺陷

一次设备部分停电情况下（一台变压器和分段开关停电，另一台变压器运行），需做功能试验，同 6.6.2.1。

一次设备不停电（两台变压器运行，分段开关停用）情况下，需做功能试验，同 6.6.2.2。

3. 分段开关智能终端缺陷

一次设备不停电（两台变压器运行，分段开关停用）情况下：

（1）缺陷智能终端背板 GOOSE 光纤全部取下。

（2）备自投装置投检修压板。

6.7 110kV 线路保护安全措施

6.7.1 110kV 线路保护典型配置和网络联系

110kV 线路保护典型配置和网络联系示意图如图 6.7 所示。

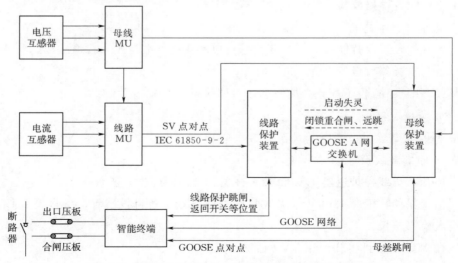

图 6.7 110kV 线路保护典型配置和网络联系示意图

6.7.2 现有技术条件下安全措施实施细则

6.7.2.1 一次设备停电情况下的110kV线路保护检修校验

1. 采用电子式互感器

(1) 线路保护及线路保护智能终端均投入检修压板。

(2) 线路保护背板 SV 输入光纤取下。

2. 采用传统互感器

不带 MU 做试验时：同电子式互感器。

带 MU 加量做试验时：

(1) 母线保护退出本间隔 SV 接收压板。

(2) MU、线路保护及线路保护智能终端均投入检修压板。

(3) 在 MU 端子排将 TA 和 TV 做措施。

6.7.2.2 一次设备停电情况下的110kV线路保护处理缺陷

1. MU 缺陷

缺陷 MU 对应的母线保护把本间隔投入软压板退出。

注释：涉及在运行设备上做安全措施。

2. 线路保护装置缺陷，需做保护功能试验

缺陷线路保护背板 SV、GOOSE 光纤全部取下。

3. 智能终端缺陷

缺陷智能终端背板 GOOSE 光纤全部取下。

注释：缺陷会造成线路保护、母线保护、测控装置告警。

6.8 110kV 母线保护安全措施

6.8.1 110kV 母线保护典型配置和网络联系

110kV 母线保护典型配置和网络联系示意图如图 6.8 所示。

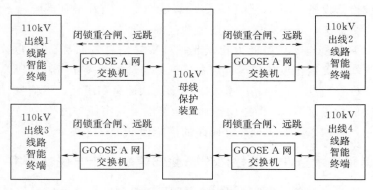

图 6.8 110kV 母线保护典型配置和网络联系示意图

6.8.2 现有技术条件下安全措施的实施细则

6.8.2.1 一次设备不停电情况下的 110kV 母线保护检修校验

（1）母线保护投入检修压板。

（2）退出母线保护所有运行间隔的 GOOSE 发送软压板，包括母联 GOOSE 发送、主变 GOOSE 发送、线路 GOOSE 发送、Ⅰ母线动出口、Ⅱ母线动出口等软压板。

（3）进行母线保护加量试验时，仅将需要的母线保护背板 SV 输入光纤取下，其余间隔 SV 接收压板退出。

注释：第（2）项安全措施实施会导致母线保护跳各间隔以及与线路保护、变压器保护间的联闭锁逻辑无法验证，建议不做这条措施。

6.8.2.2 一次设备不停电情况下的 110kV 母线保护处理缺陷

将母线保护背板所有 SV、GOOSE 光纤取下。

注释：会造成接收母线 GOOSE 信息的 110kV 线路智能终端告警。

6.9 远景技术条件下的安全措施

6.9.1 总体原则

考虑到智能变电站中数字化保护、MU、智能终端等 IED 智能电子设备在能力上远超传统微机保护，总体原则应体现出充分利用其设备能力、通过技术手段来适应检修、运行人员业已形成的现场安全措施习惯，打破检修、运行人员被动适应数字化保护设备特性的思维定式，最大限度地减小数字化对现场工作带来的不便和人员由于熟悉程度不够而出错的可能性。

总体原则如下：

（1）智能变电站与综合自动化变电站的安全措施原则上应一致，智能变电站可以在 MU、保护装置、智能终端上做安全措施，应该和传统综合自动化站封 TA、断 TV、退保护/操作箱压板、断开断路器跳合闸回路相类似或一致。

（2）只在被检修设备（MU、保护装置、智能终端）上做安全措施，不在与之相关的运行设备上做安全措施，不扩大做安全措施的范围。

（3）利用 IED 智能电子设备能力建立起一种检修信息发布和确认机制，将被检修设备的检修信息告知相关运行设备，运行设备确认并自动退相关压板，不影响其运行保护功能，不向后台发告警信息，在液晶屏上显示检修确认信息和压板退出信息。

（4）当被检修设备（MU、保护设备、智能终端）其中任一发生缺陷，则认为设备软件功能不再可靠，必须采取断物理光纤链路的措施保证可靠隔离。

6.9.2 远景技术条件下待检修设备检修信息发布与确认方案

（1）将接收待检修设备间隔 SV 报文或联闭锁 GOOSE 报文的运行设备界定为检修可能影响的相关运行设备。

（2）可利用设备设置检修硬压板或设置单独的检修信息发布软压板来实现待检修设备的检修信息发布，即相关运行设备通过 SV、GOOSE 报文的检修品质位或单独的检修告知 GOOSE 报文感知待检修设备检修信息。

（3）检修信息确认原则。

1）逐台逐项确认。待检修的 IED 智能设备（MU、保护装置、智能终端）发出的检修信息，相关运行设备应具备对应待检修的 IED 智能设备逐台、逐项进行确认。

2）整组确认。将一次设备同一间隔的 MU、保护装置、智能终端事先预置成检修关联设备组，其中任一 IED 智能设备发出的检修信息，相关运行设备应具备对应待检修的 IED 智能设备组进行确认。

3）相关运行设备收到待检修的 IED 智能设备或设备组发出的检修信息后，能自动退出检修间隔 SV 接收、联闭锁 GOOSE 接收软压板，不影响其运行保护功能，不向后台发告警信息（确认检修间隔信息后即使人为拔光纤，运行设备也不再报 GOOSE 断链），防止干扰运行人员；同时在液晶屏上（或监控后台上）显示待检修设备检修告知确认信息和相关压板自动退出信息，方便现场检修人员确认。

上述方案依赖 IED 设备软件的可靠性，因此仅适用于正常检修，不适用于处理缺陷。

第7章 智能变电站调试常见问题及处理

7.1 MU 常见问题及处理

7.1.1 220kV 智能变电站 MU 异常处理

本节 220kV 智能变电站案例采用双母线、110kV 及 35kV 采用单母分段方式的接线方式。

7.1.1.1 220kV 线路 MU 异常

1. 220kV 线路智能设备 SV、GOOSE 信息流图

220kV 线路智能设备 SV、GOOSE 信息流如图 7.1 所示。

2. 应急处理卡

220kV 线路 MU 故障应急处理卡见表 7.1。

表 7.1   220kV 线路 MU 故障应急处理卡

应急事件		220kV××线第一套 MU 故障
装置重启	1	汇报省调，取得调度同意
	2	放上 220kV××线第一套 MU 检修状态投入压板 3RLP1
	3	拉开 220kV××线第一套 MU 装置直流电源开关 3K
	4	合上 220kV××线第一套 MU 装置直流电源开关 3K
	5	检查 220kV××线第一套 MU 装置液晶显示及各指示灯正常
	6	检查 220kV××线第一套智能终端装置上"第一套 MU 告警""第一套 MU 闭锁"灯灭
	7	检查 220kV××线第一套保护、测控装置及 220kV 第一套母差保护数据显示正常，并无断链信号
	8	若重启不成，则取消第 9、第 10 步操作，并根据调度指令按"装置故障隔离"处置步骤将相关保护退出
	9	取下 220kV××线第一套 MU 检修状态投入压板 3RLP1
	10	检查 220kV××线第一套 MU、第一套保护、测控装置及 220kV 第一套母差保护无异常及告警信号（包括后台信息）
	11	将重启结果汇报省调
装置故障隔离	1	220kV××线第一套纵联保护由跳闸改为信号（对侧配合）
	2	220kV××线第一套微机保护由跳闸改为信号
	3	220kV 第一套母差保护由跳闸改为信号
注意事项		处理前需联系远动负责人，由远动负责人告之省调自动化人员

7.1.1.2 220kV 母联 MU 异常

1. 220kV 母联智能设备 SV、GOOSE 信息流图

220kV 母联智能设备 SV、GOOSE 信息流如图 7.2 所示。

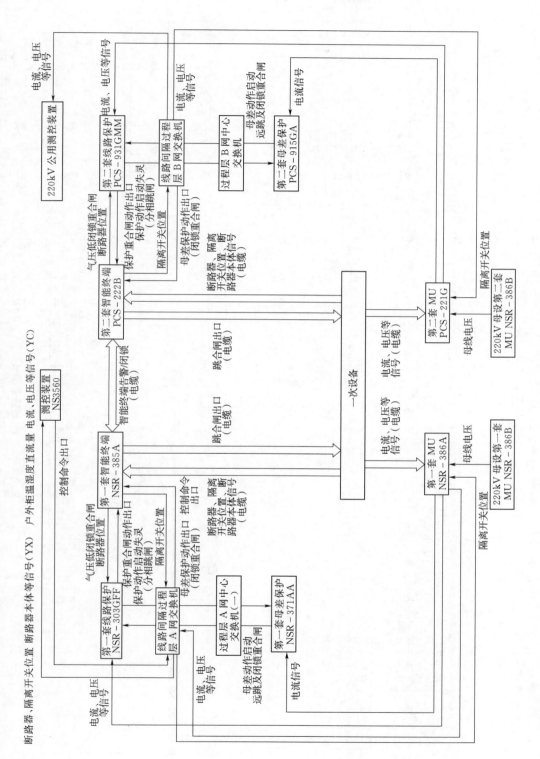

图 7.1 220kV 线路智能设备 SV、GOOSE 信息流

137

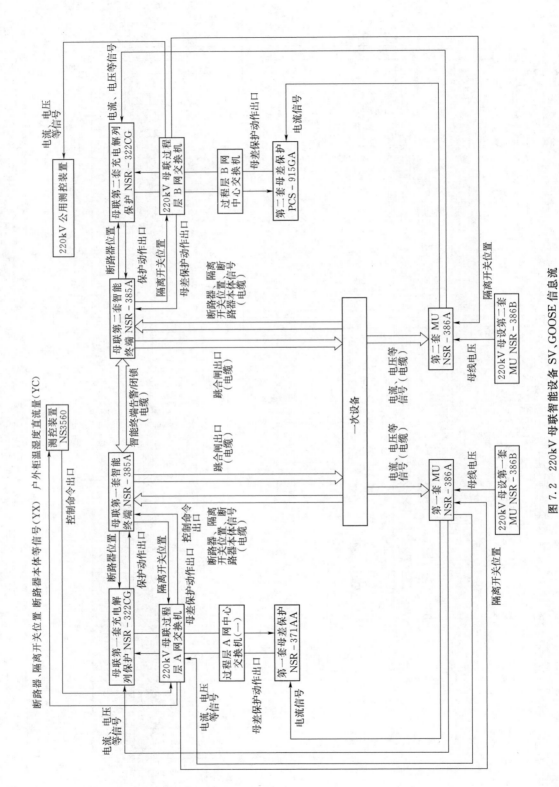

图 7.2 220kV 母联智能设备 SV、GOOSE 信息流

138

2. 220kV 母联 MU 异常处理

（1）异常设备。220kV 母联第一（二）套 MU。

（2）影响设备。220kV 母联第一（二）套充电解列保护装置、测控装置、220kV 第一（二）套母差保护装置。

（3）处理原则。首先放上 MU 检修状态投入压板，对 MU 重启一次，若重启成功，则将 MU 投入运行；若重启不成，则汇报调度，根据调度指令进行"装置异常隔离"，将 220kV 第一（二）母差保护改信号、检查 220kV 母联第一（二）套充电解列保护确在信号状态，影响到的遥测由远动工作负责人告知调度自动化人员。

3. 应急处理卡

220kV 母联 MU 故障应急处理卡见表 7.2。

表 7.2　　　　　　　　　　220kV 母联 MU 故障应急处理卡

应急事件		220kV 母联第一套 MU 故障
装置重启	1	汇报省调，取得调度同意后
	2	放上 220kV 母联第一套 MU 检修状态投入压板 3RLP1
	3	拉开 220kV 母联第一套 MU 装置直流电源开关 3K
	4	合上 220kV 母联第一套 MU 装置直流电源开关 3K
	5	检查 220kV 母联第一套 MU 装置液晶显示及各指示灯正常
	6	检查 220kV 母联第一套智能终端装置上"第一套 MU 告警""第一套 MU 闭锁"灯灭
	7	检查 220kV 母联第一套保护、测控装置及 220kV 第一套母差保护数据显示正常，并无断链信号
	8	若重启不成，则取消第 9、第 10 步操作，并根据调度指令按"装置故障隔离"处置步骤将相关保护退出
	9	取下 220kV 母联第一套 MU 检修状态投入压板 3RLP1
	10	检查 220kV 母联第一套 MU、第一套充电解列保护、测控装置及 220kV 第一套母差保护无异常及告警信号（包括后台信息）
	11	将重启结果汇报省调
装置故障隔离	1	检查 220kV 母联第一套充电解列保护确在信号状态
	2	220kV 第一套母差保护由跳闸改为信号
注意事项		处理前需联系远动负责人，由远动负责人告知省调自动化人员

7.1.1.3　220kV 母设 MU 异常

1. 220kV 母设智能设备 SV、GOOSE 信息流图

220kV 母设智能设备 SV、GOOSE 信息流如图 7.3 所示。

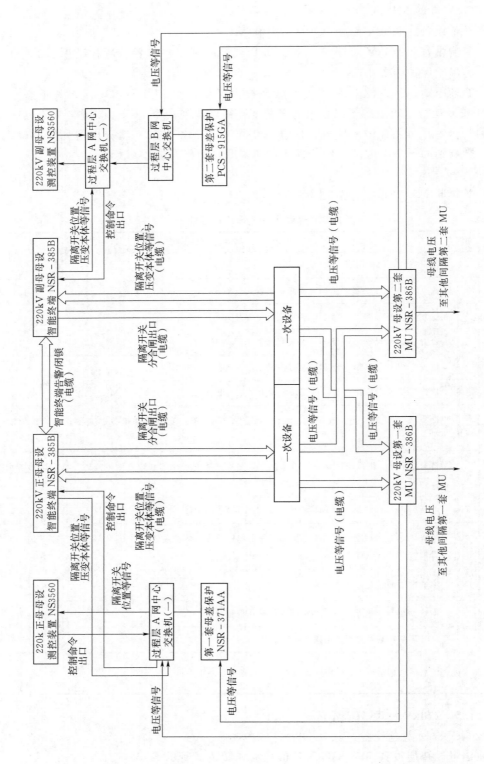

图 7.3　220kV 母设智能设备 SV、GOOSE 信息流

2. 220kV 母设 MU 异常处理

（1）异常设备。220kV 母设第一（二）套 MU。

（2）影响设备。220kV 正（副）母母设测控装置、220kV 第一（二）套母差保护装置、220kV 各间隔第一（二）套 MU。

（3）处理原则。首先放上 MU 检修状态投入压板，对 MU 重启一次，重启成功，则将 MU 投入运行；若重启不成，则汇报调度，根据调度指令进行"装置异常隔离"，将各线路的第一（二）套纵联保护、第一（二）套微机保护、1 号主变第一（二）套保护、2 号主变第一（二）套保护、220kV 第一（二）套母差保护改为信号，影响到的 220kV 母线电压遥测，由远动工作负责人告知调度自动化人员。

3. 应急处理卡

220kV 母设 MU 故障应急处理卡见表 7.3。

表 7.3　　　　　　　　　　220kV 母设 MU 故障应急处理卡

应急事件		220kV 母设第一套 MU 故障
装置重启	1	汇报省调，取得调度同意后
	2	放上 220kV 母设第一套 MU 检修状态投入压板 41RLP1
	3	拉开 220kV 母设第一套 MU 直流电源开关 41K
	4	合上 220kV 母设第一套 MU 直流电源开关 41K
	5	检查 220kV 母设第一套 MU 装置液晶显示及各指示灯正常
	6	检查 220kV 正母母设智能终端装置上"220kV 母设第一套 MU 告警""220kV 母设第一套 MU 闭锁"灯灭
	7	检查 220kV 正母母设测控装置及 220kV 第一套母差保护数据显示正常，并无断链信号
	8	检查 220kV 各间隔第一套 MU 数据显示正常，并无断链信号
	9	若重启不成，则取消第 10～12 步操作，并根据调度指令按"装置故障隔离"处置步骤将相关保护退出
	10	取下 220kV 母设第一套 MU 检修状态投入压板 41RLP1
	11	检查 220kV 母设第一套 MU、220kV 正母母设测控装置及 220kV 第一套母差保护无异常及告警信号（包括后台信息）
	12	检查 220kV 各间隔第一套 MU 无异常及告警信号（包括后台信息）
	13	将重启结果汇报省调
装置故障隔离	1	220kV××线第一套纵联保护由跳闸改为信号
	2	220kV××线第一套微机保护由跳闸改为信号
	3	袍港 2U42 线第一套纵联保护由跳闸改为信号
	4	袍港 2U42 线第一套微机保护由跳闸改为信号
	5	1 号主变第一套微机保护由跳闸改为信号
	6	2 号主变第一套微机保护由跳闸改为信号
	7	220kV 第一套母差保护由跳闸改为信号
注意事项		具体停役保护视 220kV 系统中运行设备而定

7.1.1.4　主变 220kV MU 异常

1. 主变 220kV 智能设备 SV、GOOSE 信息流图

主变 220kV 智能设备 SV、GOOSE 信息流如图 7.4 所示。

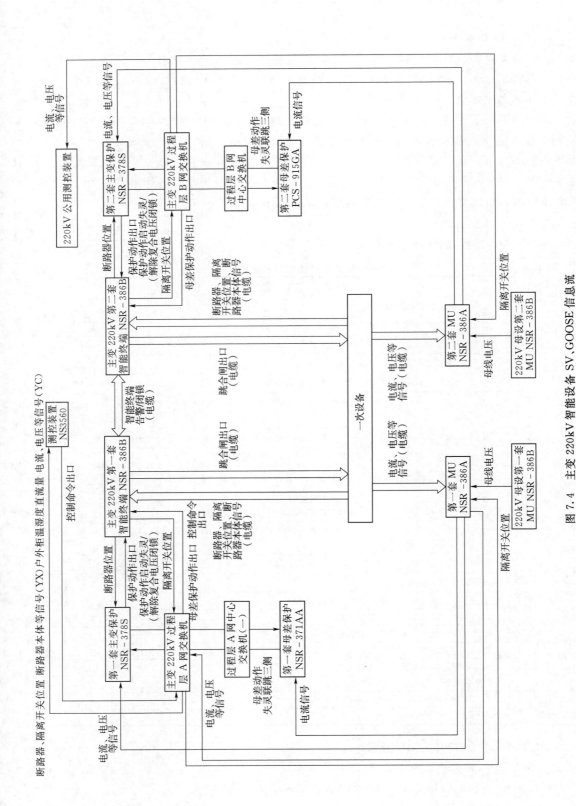

图 7.4 主变 220kV 智能设备 SV、GOOSE 信息流

142

2. 主变 220kV MU 异常处理

（1）异常设备。主变 220kV 第一（二）套 MU。

（2）影响设备。主变第一（二）套保护装置、主变 220kV 测控装置、220kV 第一（二）套母差保护装置。

（3）处理原则。首先放上 MU 检修状态投入压板，对 MU 重启一次，重启成功，则将 MU 投入运行；若重启不成，则汇报调度，根据调度指令进行"装置异常隔离"，将主变第一（二）套保护及 220kV 第一（二）套母差保护改为信号，影响到的遥测，由远动工作负责人告知调度自动化人员。

3. 应急处理卡

主变 220kV MU 故障应急处理卡见表 7.4。

表 7.4 主变 220kV MU 故障应急处理卡

应急事件		1 号主变 220kV 第一套 MU 故障
装置重启	1	汇报地调，取得调度同意后
	2	放上 1 号主变 220kV 第一套 MU 检修状态投入压板 3RLP1
	3	拉开 1 号主变 220kV 第一套 MU 直流电源开关 3K
	4	合上 1 号主变 220kV 第一套 MU 直流电源开关 3K
	5	检查 1 号主变 220kV 第一套 MU 装置液晶显示及各指示灯正常
	6	检查 1 号主变 220kV 第一套智能终端装置上"第一套 MU 告警""第一套 MU 闭锁"灯灭
	7	检查 1 号主变第一套保护、1 号主变 220kV 测控装置及 220kV 第一套母差保护数据显示正常，并无断链信号
	8	若重启不成，则取消第 9、第 10 步操作，并根据调度指令按"装置故障隔离"处置步骤将相关保护退出
	9	取下 1 号主变 220kV 第一套 MU 检修状态投入压板 3RLP1
	10	检查 1 号主变 220kV 第一套 MU、1 号主变第一套保护、1 号主变 220kV 测控装置及 220kV 第一套母差保护无异常及告警信号（包括后台信息）
	11	将重启结果汇报地调
装置故障隔离	1	1 号主变第一套保护由跳闸改为信号
	2	220kV 第一套母差保护由跳闸改为信号
注意事项		

7.1.1.5 主变 110kV MU 异常

（1）异常设备。主变 110kV 第一（二）套 MU。

（2）影响设备。主变第一（二）套保护装置、主变 110kV 测控装置、110kV 母差保护装置。

（3）处理原则。首先放上 MU 检修状态投入压板，对 MU 重启一次，若重启成功，则将 MU 投入运行；若重启不成，则汇报调度，根据调度指令进行"装置异常隔离"，将主变第一（二）套保护、110kV 母差保护改信号、110kV 1 号母分充电解列保护由信号改为跳闸，影响到的遥测，由远动工作负责人告知调度自动化人员。

7.1.1.6　主变 35kV MU 异常

（1）异常设备。主变 35kV 第一（二）套 MU。

（2）影响设备。主变第一（二）套保护装置、主变 35kV 测控装置。

（3）处理原则。首先放上 MU 检修状态投入压板，对 MU 重启一次，若重启成功，则将 MU 投入运行；若重启不成，则汇报调度，根据调度指令进行"装置异常隔离"，将主变第一（二）套保护改信号，影响到的遥测，由远动工作负责人告知调度自动化人员。

7.1.1.7　主变本体 MU 异常

（1）异常设备。主变中性点第一（二）套 MU。

（2）影响设备。主变非电量保护及智能终端、主变本体测控装置、主变第一（二）套保护。

（3）处理原则。首先放上 MU 检修状态投入压板，对 MU 重启一次，若重启成功，则将 MU 投入运行；若重启不成，则汇报调度，根据调度指令进行"装置异常隔离"，将主变第一（二）套保护改信号。

7.1.1.8　110kV 线路 MU 异常

1. 110kV 线路智能设备 SV、GOOSE 信息流图

110kV 线路智能设备 SV、GOOSE 信息流如图 7.5 所示。

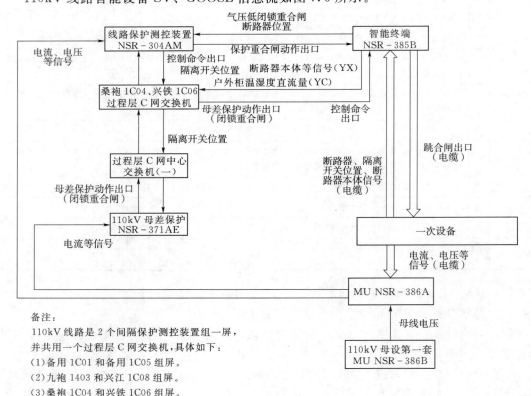

图 7.5　110kV 线路智能设备 SV、GOOSE 信息流

2. 110kV 线路 MU 异常处理

（1）异常设备。110kV 线 MU。

（2）影响设备。线路保护测控装置、电度表、110kV 母差保护装置。

（3）处理原则。首先放上 MU 检修状态投入压板，对 MU 重启一次，若重启成功，则将 MU 投入运行；若重启不成，则汇报调度，根据调度指令进行"装置异常隔离"，将对应线路由运行改为冷备用（包括退出 110kV 母差保护对应线路开关电流接收软压板），影响到的遥测及电度表，由远动工作负责人告知调度自动化人员。

3. 应急处理卡

110kV 线路 MU 故障应急处理卡见表 7.5。

表 7.5　　　　　　　　　　110kV 线路 MU 故障应急处理卡

应急事件		110kV××线 MU 故障
装置重启	1	汇报地调，取得调度同意后
	2	放上 110kV××MU 检修状态投入压板 3RLP1
	3	拉开 110kV××MU 直流电源开关 3K
	4	合上 110kV××MU 直流电源开关 3K
	5	检查 110kV××MU 装置液晶显示及各指示灯正常
	6	检查 110kV××智能终端装置上"MU 装置告警""MU 装置闭锁"灯灭
	7	检查 110kV××保护测控装置及 110kV 母差保护数据显示正常，并无断链信号
	8	若重启不成，则取消第 9、第 10 步操作，并根据调度指令按"装置故障隔离"处置步骤将相关保护退出
	9	取下 110kV××MU 检修状态投入压板 3RLP1
	10	检查 110kV×MU、保护测控装置及 110kV 母差保护无异常及告警信号（包括后台信息）
	11	将重启结果汇报地调
装置故障隔离	1	110kV××线由运行改为冷备用（包括取下 110kV 母差保护 110kV××开关电流接收软压板 32LP19）
注意事项		

7.1.1.9　110kV 1 号母分 MU 异常

1. 110kV 母分智能设备 SV、GOOSE 信息流图

110kV 母分智能设备 SV、GOOSE 信息流如图 7.6 所示。

2. 110kV 1 号母分 MU 异常处理

（1）异常设备。110kV 1 号母分 MU。

（2）影响设备。110kV 1 号母分保护测控装置、110kV 母差保护装置。

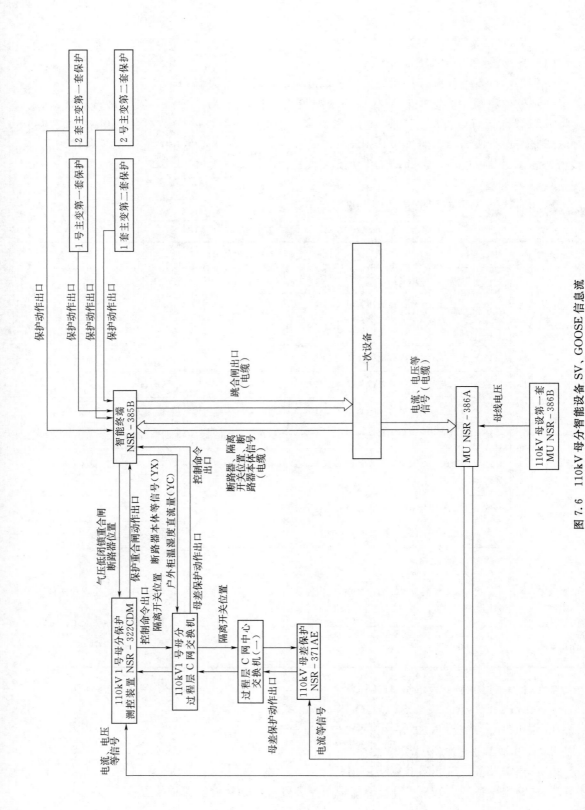

图 7.6 110kV 母分智能设备 SV、GOOSE 信息流

146

（3）处理原则。首先放上 MU 检修状态投入压板，对 MU 重启一次，若重启成功，则将 MU 投入运行；若重启不成，则汇报调度，根据调度指令进行"装置异常隔离"，110kV 1 号母分由运行改为冷备用（包括合上 2 号主变 110kV 中性点接地开关）（包括退出 110kV 母差保护 110kV 1 号母分开关电流接收软压板），影响到的遥测及电度表，由远动工作负责人告知调度自动化人员。

3. 应急处理卡

110kV 母分 MU 故障应急处理卡见表 7.6。

表 7.6   110kV 母分 MU 故障应急处理卡

应急事件		110kV 1 号母分 MU 故障
装置重启	1	汇报省调，取得调度同意后
	2	放上 110kV 1 号母分 MU 检修状态投入压板 3RLP1
	3	拉开 110kV 1 号母分 MU 直流电源开关 3K
	4	合上 110kV 1 号母分 MU 直流电源开关 3K
	5	检查 110kV 1 号母分 MU 装置液晶显示及各指示灯正常
	6	检查 110kV 1 号母分智能终端装置上"MU 告警""MU 闭锁"灯灭
	7	检查 110kV 1 号母分保护测控装置及 110kV 母差保护数据显示正常，并无断链信号
	8	若重启不成，则取消第 9、第 10 步操作，并根据调度指令按"装置故障隔离"处置步骤将相关保护退出
	9	取下 110kV 1 号母分 MU 检修状态投入压板 3RLP1
	10	检查 110kV 1 号母分 MU、保护测控装置及 110kV 母差保护无异常及告警信号（包括后台信息）
	11	将重启结果汇报地调
装置故障隔离	1	110kV 1 号母分由运行改为冷备用（包括合上 2 号主变 110kV 中性点接地开关）
注意事项		

7.1.1.10   110kV 母设 MU 异常

1. 110kV 母设智能设备 SV、GOOSE 信息流图

110kV 母设智能设备 SV、GOOSE 信息流如图 7.7 所示。

2. 110kV 母设 MU 异常处理

（1）异常设备。110kV 母设第一（二）套 MU。

（2）影响设备。110kV Ⅰ（Ⅱ）段母设测控装置、110kV 母差保护装置、110kV 各线路、110kV 1 号母分 MU、主变 110kV 第一（二）套 MU。

（3）处理原则。首先放上 MU 检修状态投入压板，对 MU 重启一次，若重启成功，则将 MU 投入运行；若重启不成，则汇报调度，根据调度指令进行"装置异常隔离"，将 1 号主变第一（二）套保护、2 号主变第一（二）套保护改信号，影响到的 110kV 母线电压遥测，由远动工作负责人告知调度自动化人员。

3. 应急处理卡

110kV 母设 MU 故障应急处理卡见表 7.7。

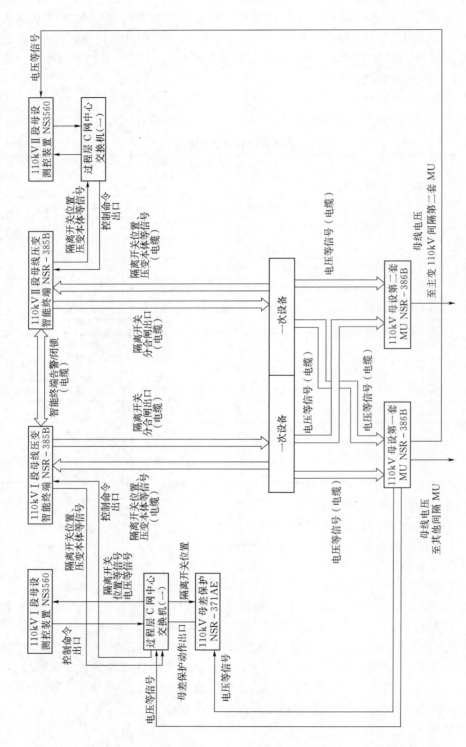

图 7.7 110kV 母设智能设备 SV、GOOSE 信息流

表 7.7		110kV 母设 MU 故障应急处理卡	
应急事件		110kV 母设第一套 MU 故障	
装置重启	1	汇报地调，取得调度同意后	
	2	放上 110kV 母设第一套 MU 检修状态投入压板 41RLP1	
	3	拉开 110kV 母设第一套 MU 直流电源开关 41K	
	4	合上 110kV 母设第一套 MU 直流电源开关 41K	
	5	检查 110kV 母设第一套 MU 装置液晶显示及各指示灯正常	
	6	检查 110kV Ⅰ 母母设测控装置及 110kV 母差保护数据显示正常，并无断链信号	
	7	检查 110kV 各线路、1 号母分间隔 MU 数据显示正常，并无断链信号	
	8	检查 110kV 各主变 110kV 间隔第一套 MU 数据显示正常，并无断链信号	
	9	若重启不成，则取消第 10～13 步操作，并根据调度指令按"装置故障隔离"处置步骤将相关保护退出	
	10	取下 110kV 母设第一套 MU 检修状态投入压板 41RLP1	
	11	检查 110kV 母设第一套 MU、110kV Ⅰ 母母设测控装置及 110kV 母差保护无异常及告警信号（包括后台信息）	
	12	检查 110kV 各线路、1 号母分间隔 MU 无异常及告警信号（包括后台信息）	
	13	检查 110kV 各主变 110kV 间隔第一套 MU 无异常及告警信号（包括后台信息）	
	14	将重启结果汇报地调	
装置故障隔离	1	110kV×× 线全部保护由跳闸改为信号	
	2	兴铁 1C06 线全部保护由跳闸改为信号	
	3	兴江 1C08 线全部保护由跳闸改为信号	
	4	袍端 1C11 线全部保护由跳闸改为信号	
	5	袍塘 1C14 线全部保护由跳闸改为信号	
	6	1 号主变第一套微机保护由跳闸改为信号	
	7	2 号主变第一套微机保护由跳闸改为信号	
	8	110kV 母差保护由跳闸改为信号	
注意事项		可考虑将 110kV 负荷调出后全停，具体由调控中心定	

7.1.2　110kV 智能变电站 MU 异常处理

本节 110kV 智能变电站案例采用 110kV 为内桥、10kV 为单母分段方式的接线方式。

7.1.2.1　110kV 线路 MU 异常

（1）异常设备。110kV 线路第一套（第二套）MU。

（2）影响设备。1 号主变第一套（第二套）差动及后备保护、110kV 备自投（仅第一套 MU 异常时）、110kV 线路测控装置。

（3）处理原则。首先放上 MU 装置检修状态投入压板，对 MU 重启一次，若重启成功，则将 MU 投入运行；若重启不成，则汇报调度，根据调度指令进行"装置异常隔离"，将 1 号主变第一套（第二套）保护、110kV 备用电源自动投入装置改信号（仅第一套 MU 异常时），影响到的遥测，由远动工作负责人告知调度自动化人员。

7.1.2.2 110kV 桥 MU 异常

（1）异常设备。110kV 桥开关第一套（第二套）MU。

（2）影响设备。110kV 桥开关保护（仅第一套 MU 异常时）、1 号主变第一套差动及后备保护、2 号主变第一套差动及后备保护、110kV 桥开关测控装置。

（3）处理原则。首先放上 MU 装置检修状态投入压板，对 MU 重启一次，若重启成功，则将 MU 投入运行；若重启不成，则汇报调度，根据调度指令进行"装置异常隔离"，将 1 号主变第一（二）保护、2 号主变第一（二）保护改信号，并检查 110kV 桥开关保护确在信号状态（仅第一套 MU 异常时），影响到的遥测，由远动工作负责人告知调度自动化人员。

7.1.2.3 110kV 母设 MU 异常

（1）异常设备。110kV 母设第一（二）MU。

（2）影响设备。1 号主变第一（二）差动及后备保护、2 号主变第一（二）差动及后备保护、110kV 进线 1 第一（二）MU、110kV 进线 2 第一（二）MU、110kV 桥开关第一（二）MU、110kV 备自投（仅第一套 MU 异常时）、110kVⅠ段（Ⅱ段）母线母设测控装置。

（3）处理原则。首先放上 MU 装置检修状态投入压板，对 MU 重启一次，若重启成功，则将 MU 投入运行；若重启不成，则汇报调度，根据调度指令进行"装置异常隔离"，将 1 号主变第一（二）保护、2 号主变第一（二）保护、110kV 备用电源自动投入装置改信号（仅第一套 MU 异常时），并检查 110kV 桥开关保护确在信号状态，影响到的遥测，由远动工作负责人告知调度自动化人员。

7.1.2.4 主变中性点 MU 异常

（1）异常设备。主变中性点第一（二）MU。

（2）影响设备。主变第一（二）差动及后备保护、主变 110kV 及本体测控装置。

（3）处理原则。首先放上 MU 装置检修状态投入压板，对 MU 重启一次，若重启成功，则将 MU 投入运行；若重启不成，则汇报调度。

7.1.2.5 主变 10kV MU 异常

（1）异常设备。主变 10kV 第一（二）MU。

（2）影响设备。主变第一（二）差动及后备保护、10kV 1 号母分备自投（仅第一套 MU 异常时）、1 号主变 10kV 测控装置。

（3）处理原则。首先放上 MU 装置检修状态投入压板，对 MU 重启一次，若重启成功，则将 MU 投入运行；若重启不成，则汇报调度，根据调度指令进行"装置异常隔离"，将 1 号主变第一（二）保护、10kV 1 号母分备用电源自动投入装置改信号（仅第一套 MU 异常时），影响到的遥测，由远动工作负责人告知调度自动化人员。

7.2 智能终端常见问题及处理

7.2.1 220kV 智能变电站智能终端异常处理

7.2.1.1 220kV 线路智能终端异常

1. 220kV 线路智能设备 SV、GOOSE 信息流图

220kV 线路智能设备 SV、GOOSE 信息流如图 7.1 所示。

2. 220kV 线路智能终端异常处理

（1）异常设备。220kV 线路第一（二）套智能终端。

（2）影响设备。线路第一（二）套保护装置、第一（二）套 MU、测控装置、220kV 第一（二）套母差保护装置。

（3）处理原则。首先放上智能终端检修状态投入压板，取下智能终端保护跳闸压板，对智能终端重启一次，若重启成功，则将智能终端投入运行；若重启不成，则汇报调度，根据调度指令进行"装置异常隔离"，将线路第一（二）套纵联保护、线路第一（二）套微机保护、重合闸及 220kV 第一（二）套母差保护改信号，影响到的一次设备遥信位置，由远动工作负责人告知调度自动化人员。

3. 应急处理卡

220kV 线路智能终端故障应急处理卡见表 7.8。

表 7.8　　　　　　　　　　220kV 线路智能终端故障应急处理卡

应急事件		220kV××线第一套智能终端故障
装置重启	1	汇报省调，取得调度同意后
	2	放上 220kV××线第一套智能终端装置检修状态投入压板 5RLP1
	3	取下 220kV××线第一套智能终端开关 A 相合闸出口压板 5CLP1
	4	取下 220kV××线第一套智能终端开关 B 相合闸出口压板 5CLP2
	5	取下 220kV××线第一套智能终端开关 C 相合闸出口压板 5CLP3
	6	取下 220kV××线第一套智能终端开关 A 相跳闸出口压板 5CLP4
	7	取下 220kV××线第一套智能终端开关 B 相跳闸出口压板 5CLP5
	8	取下 220kV××线第一套智能终端开关 C 相跳闸出口压板 5CLP6
	9	拉开 220kV××线第一套智能终端装置直流电源开关 5K1
	10	合上 220kV××线第一套智能终端装置直流电源开关 5K1
	11	检查 220kV××线第一套智能终端装置各指示灯正常
	12	检查 220kV××线第一套保护、测控装置、第一套 MU 及 220kV 第一套母差保护无断链信号

应急事件		220kV××线第一套智能终端故障
装置重启	13	若重启不成,则取消第14~21步操作,并根据调度指令按"装置故障隔离"处置步骤将相关保护退出
	14	取下220kV××线第一套智能终端装置检修状态投入压板5RLP1
	15	检查220kV××线第一套保护、第一套智能终端、测控装置、第一套MU及220kV第一套母差保护无异常及告警信号(包括后台信息)
	16	放上220kV××线第一套智能终端开关A相合闸出口压板5CLP1
	17	放上220kV××线第一套智能终端开关B相合闸出口压板5CLP2
	18	放上220kV××线第一套智能终端开关C相合闸出口压板5CLP3
	19	测量220kV××线第一套智能终端开关A相跳闸出口压板5CLP4两端确无电压,并放上
	20	测量220kV××线第一套智能终端开关B相跳闸出口压板5CLP5两端确无电压,并放上
	21	测量220kV××线第一套智能终端开关C相跳闸出口压板5CLP6两端确无电压,并放上
	22	将重启结果汇报省调
装置故障隔离	1	220kV××线重合闸由跳闸改为信号
	2	220kV××线第一套纵联保护由跳闸改为信号(对侧配合)
	3	220kV××线第一套微机保护由跳闸改为信号
	4	220kV第一套母差保护由跳闸改为信号
注意事项		

7.2.1.2 220kV母联智能终端异常

1. 220kV母联智能设备SV、GOOSE信息流图

220kV母联智能设备SV、GOOSE信息流如图7.2所示。

2. 220kV母联智能终端异常处理

(1)异常设备。220kV母联第一(二)套智能终端。

(2)影响设备。220kV母联第一(二)套充电解列保护装置、第一(二)套MU、测控装置、220kV第一(二)套母差保护装置。

(3)处理原则。首先放上智能终端检修状态投入压板,取下智能终端保护跳闸压板,对智能终端重启一次,若重启成功,则将智能终端投入运行;若重启不成,则汇报调度,根据调度指令进行"装置异常隔离",将220kV第一(二)套母差保护改信号、检查220kV母联第一(二)套充电解列保护确在信号状态,影响到的一次设备遥信位置,由远动工作负责人告知调度自动化人员。

3. 应急处理卡

220kV母联智能终端故障应急处理卡见表7.9。

表 7.9　　　　　　　　　　　　　　**220kV 母联智能终端故障应急处理卡**

应急事件		220kV 母联第一套智能终端故障
装置重启	1	汇报省调，取得调度同意后
	2	放上 220kV 母联第一套智能终端装置检修状态投入压板 5RLP1
	3	取下 220kV 母联第一套智能终端开关合闸出口压板 5CLP1
	4	取下 220kV 母联第一套智能终端开关分闸出口压板 5CLP2
	5	拉开 220kV 母联第一套智能终端装置直流电源开关 5K1
	6	合上 220kV 母联第一套智能终端装置直流电源开关 5K1
	7	检查 220kV 母联第一套智能终端装置各指示灯正常
	8	检查 220kV 母联第一套保护、测控装置、第一套 MU 及 220kV 第一套母差保护无断链信号
	9	若重启不成，则取消第 10～13 步操作，并根据调度指令按"装置故障隔离"处置步骤将相关保护退出
	10	取下 220kV 母联第一套智能终端装置检修状态投入压板 5RLP1
	11	检查 220kV 母联第一套保护、第一套智能终端、测控装置、第一套 MU 及 220kV 第一套母差保护无异常及告警信号（包括后台信息）
	12	放上 220kV 母联第一套智能终端开关合闸出口压板 5CLP1
	13	测量 220kV 母联第一套智能终端开关分闸出口压板 5CLP2 两端确无电压
	14	将重启结果汇报省调
装置故障隔离	1	检查 220kV 母联第一套充电解列保护确在信号状态
	2	220kV 第一套母差保护由跳闸改为信号
注意事项		

7.2.1.3　220kV 母设智能终端异常

1. 220kV 母设智能设备 SV、GOOSE 信息流图

220kV 母设智能设备 SV、GOOSE 信息流如图 7.3 所示。

2. 220kV 母设智能终端异常处理

（1）异常设备。220kV 正（副）母母设智能终端。

（2）影响设备。220kV 正（副）母母设测控装置、220kV 母设第一（二）套 MU 及 220kV 第一套母差保护。

（3）处理原则。首先放上智能终端检修状态投入压板，对智能终端重启一次，若重启成功，则将智能终端投入运行；若重启不成，则汇报调度，影响到的一次设备遥信，由远动工作负责人告知调度自动化人员。

3. 应急处理卡

220kV 母设智能终端故障应急处理卡见表 7.10。

表 7.10 **220kV 母设智能终端故障应急处理卡**

应急事件		220kV 正母母设智能终端故障
装置重启	1	汇报调度，取得调度同意后
	2	放上 220kV 正母母设智能终端检修状态投入压板 5RLP1
	3	拉开 220kV 正母母设智能终端装置直流电源开关 5K
	4	合上 220kV 正母母设智能终端装置直流电源开关 5K
	5	检查 220kV 正母母设智能终端装置各指示灯正常
	6	检查 220kV 正母母设测控装置、220kV 母设第一套 MU 及 220kV 第一套母差保护无断链信号
	7	若重启不成，则取消第 8、第 9 步操作
	8	取下 220kV 正母母设智能终端检修状态投入压板 5RLP1
	9	检查 220kV 正母母设测控装置、220kV 母设第一套 MU 及 220kV 第一套母差保护无异常及告警信号（包括后台信息）
	10	将重启结果汇报调度
装置故障隔离		
注意事项		

7.2.1.4 主变 220kV 智能终端异常

1. 主变 220kV 智能设备 SV、GOOSE 信息流图

主变 220kV 智能设备 SV、GOOSE 信息流如图 7.4 所示。

2. 主变 220kV 智能终端异常处理

（1）异常设备。主变 220kV 第一（二）套智能终端。

（2）影响设备。主变 220kV 第一（二）套 MU、主变第一（二）套保护装置、主变 220kV 测控装置、220kV 第一（二）套母差保护装置。

（3）处理原则。首先放上智能终端检修状态投入压板，取下智能终端保护跳闸压板，对智能终端重启一次，若重启成功，则将智能终端投入运行；若重启不成，则汇报调度，根据调度指令进行"装置异常隔离"，将主变第一（二）套保护及 220kV 第一（二）套母差保护改信号，影响到的一次设备遥信位置，由远动工作负责人告知调度自动化人员。

3. 应急处理卡

主变 220kV 智能终端故障应急处理卡见表 7.11。

表 7.11 **主变 220kV 智能终端故障应急处理卡**

应急事件		1 号主变 220kV 第一套智能终端故障
装置重启	1	汇报地调，取得调度同意后
	2	放上 1 号主变 220kV 第一套智能终端装置检修状态投入压板 5RLP1

应急事件		1号主变 220kV 第一套智能终端故障
装置重启	3	取下 1 号主变 220kV 第一套智能终端合闸出口压板 5CLP1
	4	取下 1 号主变 220kV 第一套智能终端分闸出口压板 5CLP2
	5	拉开 1 号主变 220kV 第一套智能终端装置直流电源开关 5K1
	6	合上 1 号主变 220kV 第一套智能终端装置直流电源开关 5K1
	7	检查 1 号主变 220kV 第一套智能终端装置各指示灯正常
	8	检查 1 号主变第一套保护、1 号主变 220kV 测控装置、第一套 MU 及 220kV 第一套母差保护无断链信号
	9	若重启不成，则取消第 10～13 步操作，并根据调度指令按"装置故障隔离"处置步骤将相关保护退出
	10	取下 1 号主变 220kV 第一套智能终端装置检修状态投入压板 5RLP1
	11	检查 1 号主变第一套保护、1 号主变 220kV 第一套智能终端、测控装置、第一套 MU 及 220kV 第一套母差保护无异常及告警信号（包括后台信息）
	12	放上 1 号主变 220kV 第一套智能终端合闸出口压板 5CLP1
	13	测量 1 号主变 220kV 第一套智能终端分闸出口压板 5CLP2 两端确无电压
	14	将重启结果汇报地调
装置故障隔离	1	1 号主变第一套微机保护由跳闸改为信号
	2	220kV 第一套母差保护由跳闸改为信号
注意事项		

7.2.1.5 主变 110kV 智能终端异常

（1）异常设备。主变 110kV 第一（二）套智能终端。

（2）影响设备。主变 110kV 第一（二）套 MU、主变第一（二）套保护装置、主变 110kV 测控装置、110kV 母差保护装置。

（3）处理原则。首先放上智能终端检修状态投入压板，取下智能终端保护跳闸压板，对智能终端重启一次，若重启成功，则将智能终端投入运行；若重启不成，则汇报调度，根据调度指令进行"装置异常隔离"，就地操作：将 1 号主变 110kV 由运行改为冷备用（1 号主变第二套保护由跳闸改为信号），影响到的一次设备遥信位置，由远动工作负责人告知调度自动化人员。

7.2.1.6 主变 35kV 智能终端异常

（1）异常设备。主变 35kV 第一（二）套智能终端。

（2）影响设备。主变第一（二）套保护装置、主变 35kV 测控装置。

（3）处理原则。首先放上智能终端检修状态投入压板，取下智能终端保护跳闸压板，对智能终端重启一次，若重启成功，则将智能终端投入运行；若重启不成，则汇报调度，根据调度指令进行"装置异常隔离"，将 1 号主变 35kV 由运行改为冷备用（包括退出 1 号主变第一套保护、1 号主变 35kV 电流接收软压板）（1 号主变第二套保护由跳闸改为信号），影响到的一次设备遥信位置，由远动工作负责人告知调度自动化人员。

7.2.1.7 主变本体智能终端异常

（1）异常设备。主变非电量保护及智能终端。

（2）影响设备。主变非电量保护及智能终端、主变本体测控装置。

（3）处理原则。首先放上主变非电量保护及智能终端检修状态投入压板，取下主变非电量保护跳闸压板，对主变非电量保护及智能终端重启一次，若重启成功，则将主变非电量保护及智能终端投入运行；若重启不成，则汇报调度。

7.2.1.8 110kV 线路智能终端异常

1. 110kV 线路智能设备 SV、GOOSE 信息流图

110kV 线路智能设备 SV、GOOSE 信息流如图 7.5 所示。

2. 110kV 线路智能终端异常处理

（1）异常设备。110kV 线路智能终端。

（2）影响设备。线路保护测控装置、MU、110kV 母差保护装置。

（3）处理原则。首先放上智能终端检修状态投入压板，取下智能终端保护跳闸压板，对智能终端重启一次，若重启成功，则将智能终端投入运行；若重启不成，则汇报调度，根据调度指令进行"装置异常隔离"，将对应线路由运行改为冷备用，影响到的一次设备遥信位置，由远动工作负责人告知调度自动化人员。

3. 应急处理卡

110kV 线路智能终端故障应急处理卡见表 7.12。

表 7.12　　　　　　　　　　110kV 线路智能终端故障应急处理卡

应急事件		110kV××线智能终端故障
装置重启	1	汇报地调，取得调度同意后
	2	放上 110kV××智能终端检修状态投入压板 5RLP1
	3	取下 110kV××智能终端开关合闸出口压板 5CLP1
	4	取下 110kV××智能终端开关分闸出口压板 5CLP2
	5	拉开 110kV××智能终端直流电源开关 5K1
	6	合上 110kV××智能终端直流电源开关 5K1
	7	检查 110kV××智能终端装置各指示灯正常
	8	检查 110kV××保护测控装置、MU 及 110kV 母差保护无断链信号
	9	若重启不成，则取消第 10～13 步操作，并根据调度指令按"装置故障隔离"处置步骤将相关保护退出
	10	取下 110kV××智能终端检修状态投入压板 5RLP1
	11	检查 110kV××保护测控装置、智能终端、MU 及 110kV 母差保护无异常及告警信号（包括后台信息）
	12	放上 110kV××智能终端开关合闸出口压板 5CLP1
	13	测量 110kV××智能终端开关分闸出口压板 5CLP2 两端确无电压
	14	将重启结果汇报地调

应急事件		110kV××线智能终端故障
装置故障隔离	1	（就地操作）110kV××线由运行改为冷备用（包括取下110kV母差保护110kV××开关电流接收软压板32LP19）
注意事项		

7.2.1.9 110kV 1号母分智能终端异常

1. 110kV母分智能设备SV、GOOSE信息流图

110kV母分智能设备SV、GOOSE信息流如图7.6所示。

2. 110kV 1号母分智能终端异常处理

（1）异常设备。110kV 1号母分智能终端。

（2）影响设备。110kV 1号母分保护测控装置、MU、110kV母差保护装置。

（3）处理原则。首先放上智能终端检修状态投入压板，取下智能终端保护跳闸压板，对智能终端重启一次，若重启成功，则将智能终端投入运行；若重启不成，则汇报调度，根据调度指令进行"装置异常隔离"，将110kV 1号母分由运行改为冷备用（包括合上2号主变110kV中性点接地开关），影响到的一次设备遥信位置，由远动工作负责人告知调度自动化人员。

3. 应急处理卡

110kV母分智能终端故障应急处理卡见表7.13。

表7.13　　　　　　110kV母分智能终端故障应急处理卡

应急事件		110kV 1号母分智能终端故障
装置重启	1	汇报地调，取得调度同意后
	2	放上110kV 1号母分智能终端装置检修状态投入压板5RLP
	3	取下110kV 1号母分智能终端开关合闸出口压板5CLP1
	4	取下110kV 1号母分智能终端开关分闸出口压板5CLP2
	5	拉开110kV 1号母分智能终端直流电源开关5K1
	6	合上110kV 1号母分智能终端直流电源开关5K1
	7	检查110kV 1号母分智能终端装置各指示灯正常
	8	检查110kV 1号母分保护测控装置、MU及110kV母差保护无断链信号
	9	若重启不成，则取消第10～13步操作，并根据调度指令按"装置故障隔离"处置步骤将相关保护退出
	10	取下110kV 1号母分智能终端装置检修状态投入压板5RLP
	11	检查110kV 1号母分保护测控装置、智能终端、MU及110kV母差保护无异常及告警信号（包括后台信息）
	12	放上110kV 1号母分智能终端开关合闸出口压板5CLP1

应急事件		110kV 1 号母分智能终端故障
装置重启	13	测量 110kV 1 号母分智能终端开关分闸出口压板 5CLP2 两端确无电压
	14	将重启结果汇报地调
装置故障隔离	1	就地操作：110kV 1 号母分由运行改为冷备用（合上 2 号主变 110kV 中性点接地开关）
注意事项		

7.2.1.10 110kV 母设智能终端异常

1. 110kV 母设智能设备 SV、GOOSE 信息流图

110kV 母设智能设备 SV、GOOSE 信息流如图 7.7 所示。

2. 110kV 母设智能终端异常处理

（1）异常设备。110kV Ⅰ（Ⅱ）段母设智能终端。

（2）影响设备。110kV Ⅰ（Ⅱ）段母设测控装置、110kV 母设第一（二）套 MU、110kV 母差保护装置。

（3）处理原则。首先放上智能终端检修状态投入压板，对智能终端重启一次，若重启成功，则将智能终端投入运行；若重启不成，则汇报调度，影响到的一次设备遥信位置，由远动工作负责人告知调度自动化工作人员。

3. 应急处理卡

110kV 母线压变智能终端故障应急处理卡见表 7.14。

表 7.14　　　　　　　　　**110kV 母线压变智能终端故障应急处理卡**

应急事件		110kV Ⅰ 段母线压变智能终端故障
装置重启	1	汇报地调，取得地调同意后
	2	放上 110kV Ⅰ 段母线压变智能终端检修状态投入压板 5RLP1
	3	拉开 110kV Ⅰ 段母线压变智能终端直流电源开关 5K
	4	合上 110kV Ⅰ 段母线压变智能终端直流电源开关 5K
	5	检查 110kV Ⅰ 段母线压变智能终端装置各指示灯正常
	6	检查 110kV Ⅰ 母母设测控装置、110kV 母设第一套 MU 及 110kV 母差保护无断链信号
	7	若重启不成，则取消第 8、第 9 步操作
	8	取下 110kV Ⅰ 段母线压变智能终端检修状态投入压板 5RLP1
	9	检查 110kV Ⅰ 母母设测控装置、110kV 母设第一套 MU 及 110kV 母差保护无异常及告警信号（包括后台信息）
	10	将重启结果汇报地调
装置故障隔离		
注意事项		

7.2.2 110kV 智能变电站智能终端异常处理

7.2.2.1 110kV 线路智能终端异常

（1）异常设备。110kV 线路智能终端。

（2）影响设备。110kV 备自投、110kV 线路测控装置。

（3）处理原则。首先放上智能终端装置检修状态投入压板，取下智能终端开关、隔离开关、接地开关遥控分合闸出口压板及智能终端保护跳、合闸出口压板，对智能终端重启一次，若重启成功，则将智能终端投入运行；若重启不成，则汇报调度，根据调度指令进行"装置异常隔离"，将 110kV 线路改为冷备用（异常隔离系正常运行方式，如方式变动请按实际方式调整），可能影响到的一次设备遥信位置，由远动工作负责人告知调度自动化人员。

7.2.2.2 110kV 桥智能终端异常

（1）异常设备，110kV 桥开关智能终端。

（2）影响设备，110kV 桥开关保护、110kV 备自投、110kV 桥开关测控装置。

（3）处理原则，首先放上智能终端装置检修状态投入压板，取下智能终端开关、隔离开关、接地开关遥控分合闸出口压板及智能终端保护跳、合闸出口压板，对智能终端重启一次，若重启成功，则将智能终端投入运行；若重启不成，则汇报调度，根据调度指令进行"装置异常隔离"，将运行方式调整后、110kV 桥开关改为冷备用，可能影响到的一次设备遥信位置，远动工作负责人告调度自动化。

7.2.2.3 110kV 母设智能终端异常

（1）异常设备：110kV Ⅰ段（Ⅱ段）母线母设智能终端。

（2）影响设备：110kV 母设第一（二）MU、110kV Ⅰ段（Ⅱ段）母线母设测控装置。

（3）处理原则：首先放上智能终端装置检修状态投入压板，取下智能终端隔离开关、接地开关遥控分合闸出口压板，对智能终端重启一次，若重启成功，则将智能终端投入运行；若重启不成，则汇报调度，可能影响到的一次设备遥信位置，由远动工作负责人告知调度自动化人员。

7.2.2.4 主变智能终端异常

1. 主变非电量保护及智能终端异常

（1）异常设备。主变非电量保护及智能终端。

（2）影响设备。主变 110kV 及本体测控装置、110kV 备自投。

（3）处理原则。首先放上非电量保护及智能终端检修状态投入压板，取下非电量保护跳主变三侧开关压板及智能终端隔离开关、接地开关遥控分合闸出口压板，对非电量保护及智能终端重启一次，若重启成功，则将非电量保护及智能终端投入运行；若重启不成，则汇报调度，可能影响到的一次设备遥信位置，由远动工作负责人告知调度自动化人员。

2. 主变 10kV 智能终端异常

（1）异常设备。主变 10kV 智能终端。

（2）影响设备。10kV 1 号母分备自投、主变 10kV 测控装置。

（3）处理原则。首先放上智能终端装置检修状态投入压板，取下开关遥控分合闸出口压板及保护跳闸出口压板，对智能终端重启一次，若重启成功，则将智能终端投入运行；若重启不成，则汇报调度，根据调度指令进行"装置异常隔离"，调整运行方式，将10kV 1号母分改运行、主变10kV改冷备用，可能影响到的一次设备遥信位置，由远动工作负责人告知调度自动化人员。

7.3 数字化保护装置常见问题及处理

7.3.1 220kV 智能变电站保护装置异常处理

7.3.1.1 220kV 线路微机保护异常

1. 220kV 线路智能设备 SV、GOOSE 信息流图

220kV 线路智能设备 SV、GOOSE 信息流如图 7.1 所示。

2. 220kV 线路微机保护异常处理

（1）异常设备。220kV 线路第一（二）套保护装置。

（2）影响设备。线路第一（二）套智能终端、第一（二）套 MU、220kV 第一（二）套母差保护装置。

（3）处理原则。首先根据调度指令，将线路第一（二）套纵联保护、线路第一（二）套微机保护改信号，放上线路保护检修状态投入压板，对线路保护重启一次，若重启成功，则将线路保护投入运行；若重启不成，则汇报调度；如遇保护装置死机或无法操作，按重启不成功汇报调度。

3. 应急处理卡

220kV 线路保护装置故障应急处理卡见表 7.15。

表 7.15   220kV 线路保护装置故障应急处理卡

应急事件	\multicolumn{2}{c}{220kV××线第一套微机保护故障}
\multirow{装置重启}	1	汇报省调，取得调度同意后
	2	放上 220kV××线第一套保护装置检修状态投入压板 1RLP1
	3	拉开 220kV××线第一套保护装置直流电源开关 1K
	4	合上 220kV××线第一套保护装置直流电源开关 1K
	5	检查 220kV××线第一套保护装置液晶显示及各指示灯正常
	6	检查 220kV××线第一套智能终端、第一套 MU 及 220kV 第一套母差保护无断链信号
	7	若重启不成，则取消第 8、第 9 步操作，并根据调度指令按"装置故障隔离"处置步骤将相关保护退出
	8	取下 220kV××线第一套保护装置检修状态投入压板 1RLP1
	9	检查 220kV××线第一套智能终端、第一套 MU 及 220kV 第一套母差保护无异常及告警信号（包括后台信息）
	10	将重启结果汇报省调

应急事件		220kV××线第一套微机保护故障
装置故障隔离	1	220kV××线第一套纵联保护由跳闸改为信号（对侧配合）
	2	220kV××线第一套微机保护由跳闸改为信号
注意事项		

7.3.1.2　220kV 母联微机保护异常

1. 220kV 母联智能设备 SV、GOOSE 信息流图

220kV 母联智能设备 SV、GOOSE 信息流如图 7.2 所示。

2. 220kV 母联充电解列保护异常处理

（1）异常设备。220kV 母联第一（二）套充电解列保护装置。

（2）影响设备。220kV 母联第一（二）套智能终端、第一（二）套 MU。

（3）处理原则。首先根据调度指令，确认 220kV 母联第一套充电解列保护在信号状态，放上母联充电解列保护检修状态投入压板，对母联充电解列保护重启一次，若重启成功，则将母联充电解列保护投入运行；若重启不成，则汇报调度；如遇保护装置死机或无法操作，按重启不成功汇报调度。

3. 应急处理卡

220kV 母联充电解列保护装置故障应急处理卡见表 7.16。

表 7.16　　　　　　　　220kV 母联充电解列保护装置故障应急处理卡

应急事件		220kV 母联第一套充电解列保护故障
装置重启	1	汇报省调，取得调度同意后
	2	放上 220kV 母联第一套保护装置检修状态投入压板 1RLP1
	3	拉开 220kV 母联第一套保护装置直流电源开关 1K
	4	合上 220kV 母联第一套保护装置直流电源开关 1K
	5	检查 220kV 母联第一套保护装置液晶显示及各指示灯正常
	6	检查 220kV 母联第一套智能终端、第一套 MU 无断链信号
	7	若重启不成，则取消第 8、第 9 步操作，并根据调度指令按"装置故障隔离"处置步骤将相关保护退出
	8	取下 220kV 母联第一套保护装置检修状态投入压板 1RLP1
	9	检查 220kV 母联第一套智能终端、第一套 MU 无异常及告警信号（包括后台信息）
	10	将重启结果汇报省调
装置故障隔离	1	检查 220kV 母联第一套充电解列保护确在信号状态
注意事项		

7.3.1.3　220kV 母设微机保护异常

（1）异常设备。220kV 第一（二）套母差保护装置。

（2）影响设备。220kV 各间隔第一（二）套智能终端、第一（二）套 MU、第一

（二）套保护及 220kV 母设第一（二）套 MU。

（3）处理原则。首先根据调度指令，220kV 第一（二）套母差保护由跳闸改为信号，放上 220kV 第一（二）套母差保护检修状态投入压板，对 220kV 第一（二）套母差保护重启一次，若重启成功，则将 220kV 第一（二）套母差保护投入运行；若重启不成，则汇报调度；如遇保护装置死机或无法操作，按重启不成功汇报调度。

7.3.1.4 主变 220kV 微机保护异常

1. 主变 220kV 智能设备 SV、GOOSE 信息流图

主变 220kV 智能设备 SV、GOOSE 信息流如图 7.4 所示。

2. 主变 220kV 微机保护异常处理

（1）异常设备。主变第一（二）套保护装置。

（2）影响设备。主变 220kV 第一（二）套智能终端、第一（二）套 MU、220kV 第一（二）套母差保护装置、主变 110kV 第一（二）套智能终端、第一（二）套 MU、110kV 1 号母分智能终端、主变 35kV 第一（二）套智能终端、第一（二）套 MU。

（3）处理原则。首先根据调度指令，将主变第一（二）套保护改信号，放上主变保护检修状态投入压板，对主变保护重启一次，若重启成功，则将主变投入运行；若重启不成，则汇报调度；如遇保护装置死机或无法操作，按重启不成功汇报调度。

3. 应急处理卡

220kV 主变保护装置故障应急处理卡见表 7.17。

表 7.17　　　　　　　　220kV 主变保护装置故障应急处理卡

应急事件		1 号主变第一套微机保护故障
装置重启	1	汇报调度，取得调度同意后
	2	放上 1 号主变第一套保护装置检修状态投入压板 1RLP1
	3	拉开 1 号主变第一套保护装置直流电源开关 1K
	4	合上 1 号主变第一套保护装置直流电源开关 1K
	5	检查 1 号主变第一套保护装置液晶显示及各指示灯正常
	6	检查 1 号主变 220kV 第一套智能终端、第一套 MU 及 220kV 第一套母差保护无断链信号
	7	检查 1 号主变 110kV 第一套智能终端、第一套 MU 及 110kV 1 号母分智能终端无断链信号
	8	检查 1 号主变 35kV 第一套智能终端、MU 一体化装置无断链信号
	9	若重启不成，则取消第 10～13 步操作，并根据调度指令按"装置故障隔离"处置步骤将相关保护退出
	10	取下 1 号主变第一套保护装置检修状态投入压板 1RLP1
	11	检查 1 号主变 220kV 第一套智能终端、第一套 MU 及 220kV 第一套母差保护无异常及告警信号（包括后台信息）
	12	检查 1 号主变 110kV 第一套智能终端、第一套 MU 及 110kV 1 号母分智能终端无异常及告警信号（包括后台信息）
	13	检查 1 号主变 35kV 第一套智能终端、MU 一体化装置无异常及告警信号（包括后台信息）
	14	将重启结果汇报调度

应急事件		1 号主变第一套微机保护故障
装置故障隔离	1	1 号主变第一套微机保护由跳闸改为信号
注意事项		

7.3.1.5　110kV 线路微机保护异常

1. 110kV 线路智能设备 SV、GOOSE 信息流图

110kV 线路智能设备 SV、GOOSE 信息流如图 7.5 所示。

2. 110kV 线路微机保护异常处理

（1）异常设备。110kV 线路保护测控装置。

（2）影响设备。线路智能终端、MU、110kV 母差保护装置。

（3）处理原则。首先放上线路保护测控装置检修状态投入压板，对线路保护测控重启一次，若重启成功，则将线路保护测控投入运行；若重启不成，则汇报调度，根据调度指令进行"装置异常隔离"，将对应线路由运行改为冷备用，影响到的一次设备遥信位置及遥测，远动工作负责人告知调度自动化。

3. 应急处理卡

110kV 线路保护测控装置故障应急处理卡见表 7.18。

表 7.18　　　　　　　　110kV 线路保护测控装置故障应急处理卡

应急事件		110kV××保护测控装置故障
装置重启	1	汇报地调，取得调度同意后
	2	放上 110kV××保护测控装置检修状态投入压板 1RLP1
	3	拉开 110kV××保护测控装置直流电源开关 1K
	4	合上 110kV××保护测控装置直流电源开关 1K
	5	检查 110kV××保护测控装置液晶显示及各指示灯正常
	6	检查 110kV××智能终端、MU 及 110kV 母差保护无断链信号
	7	若重启不成，则取消第 8、第 9 步操作，并根据调度指令按"装置故障隔离"处置步骤将相关保护退出
	8	取下 110kV××保护测控装置检修状态投入压板 1RLP1
	9	检查 110kV××智能终端、MU 及 110kV 母差保护无异常及告警信号（包括后台信息）
	10	将重启结果汇报地调
装置故障隔离	1	110kV××线由运行改为冷备用
注意事项		

7.3.1.6　110kV 1 号母分微机保护异常

1. 110kV 母分智能设备 SV、GOOSE 信息流图

110kV 母分智能设备 SV、GOOSE 信息流如图 7.6 所示。

2. 110kV 1 号母分微机保护异常处理

（1）异常设备。110kV 1 号母分保护测控装置。

（2）影响设备。110kV 1 号母分智能终端、MU。

（3）处理原则。首先取得调度同意后，确认 110kV 1 号母分充电解列保护确在信号状态，放上 110kV 1 号母分保护测控装置检修状态投入压板，对 110kV 1 号母分保护测控重启一次，若重启成功，则将 110kV 1 号母分保护测控投入运行；若重启不成，则汇报调度影响到的一次设备遥信位置及遥测，远动工作负责人告知调度自动化。

3. 应急处理卡

110kV 母分保护测控装置故障应急处理卡见表 7.19。

表 7.19　　　　　　　　　　110kV 母分保护测控装置故障应急处理卡

应急事件		110kV 1 号母分保护测控装置故障
装置重启	1	汇报地调，取得调度同意后
	2	放上 110kV 1 号母分保护测控装置检修状态投入压板 1RLP1
	3	拉开 110kV 1 号母分保护测控装置直流电源开关 1K
	4	合上 110kV 1 号母分保护测控装置直流电源开关 1K
	5	检查 110kV 1 号母分保护测控装置液晶显示及各指示灯正常
	6	检查 110kV 1 号母分智能终端、MU 无断链信号
	7	若重启不成，则取消第 8、第 9 步操作，并根据调度指令按"装置故障隔离"处置步骤将相关保护退出
	8	取下 110kV 1 号母分保护测控装置检修状态投入压板 1RLP1
	9	检查 110kV 1 号母分智能终端、MU 无异常及告警信号（包括后台信息）
	10	将重启结果汇报地调
装置故障隔离	1	检查 110kV 1 号母分充电解列保护确在信号状态
注意事项		

7.3.1.7　110kV 母设微机保护异常

（1）异常设备。220kV 第一（二）套母差保护装置。

（2）影响设备。220kV 各间隔第一（二）套智能终端、第一（二）套 MU、第一（二）套保护及 220kV 母设第一（二）套 MU。

（3）处理原则。首先根据调度指令，220kV 第一（二）套母差保护由跳闸改为信号，放上 220kV 第一（二）套母差保护检修状态投入压板，对 220kV 第一（二）套母差保护重启一次，若重启成功，则将 220kV 第一（二）套母差保护投入运行；若重启不成，则汇报调度；如遇保护装置死机或无法操作，按重启不成功汇报调度。

7.3.2 110kV 智能变电站保护装置异常处理

7.3.2.1 110kV 桥微机保护异常

（1）异常设备。110kV 桥保护。

（2）影响设备。110kV 桥开关智能终端。

（3）处理原则。首先检查 110kV 桥保护确在信号状态，放上 110kV 桥保护检修状态投入压板，对 110kV 桥保护装置重启一次，若重启成功，则将保护装置投入运行；若重启不成，则汇报调度。

7.3.2.2 110kV 主变微机保护异常

（1）异常设备。主变第一（二）微机保护。

（2）影响设备。110kV 备自投、110kV 线路智能终端、110kV 桥开关智能终端、主变 10kV 智能终端、10kV 1 号母分备自投。

（3）处理原则。首先根据调度指令将主变第一（二）微机保护改为信号，放上保护装置检修状态投入压板，对保护装置重启一次，若重启成功，则将保护装置投入运行，并根据调度指令将 1 号主变第一（二）微机保护改跳闸；若重启不成，则汇报调度。

7.3.2.3 110kV 备自投异常

1. 110kV 备自投异常

（1）异常设备。110kV 备自投。

（2）影响设备。110kV 进线 1 智能终端、110kV 桥开关智能终端；110kV 进线 2 智能终端。

（3）处理原则。首先根据调度指令，将 110kV 备用电源自动投入装置改信号，放上备自投检修状态投入压板，对备自投装置重启一次，重启成功，则将备自投装置投入运行，并根据调度指令将 110kV 备用电源自动投入装置改跳闸；若重启不成，则汇报调度。

2. 10kV 1 号母分备自投异常

（1）异常设备。10kV 1 号母分备自投。

（2）影响设备。1 号主变 10kV 智能终端、2 号主变 10kV Ⅱ段母线开关智能终端、10kV 1 号母分保护。

（3）处理原则。首先根据调度指令 10kV 1 号母分备用电源自动投入装置改信号，放上备自投检修状态投入压板，对备自投装置重启一次，若重启成功，则将备自投装置投入运行，并根据调度指令将 10kV 1 号母分备用电源自动投入装置改跳闸；若重启不成，则汇报调度。

7.4 测控装置常见问题及处理

7.4.1 220kV 智能变电站测控装置异常处理

7.4.1.1 220kV 线路测控装置异常

（1）异常设备。220kV 线路测控装置。

（2）影响设备。线路第一套智能终端、第一套 MU。

（3）处理原则。首先放上测控装置检修状态投入压板，对测控装置重启一次，若重启成功，则将测控装置投入运行；若重启不成，则汇报调度，影响到的一次设备遥信位置及遥测，由远动工作负责人告知调度自动化人员。

7.4.1.2　220kV 母联测控装置异常

（1）异常设备。220kV 母联测控装置。

（2）影响设备。220kV 母联第一套智能终端、第一套 MU。

（3）处理原则。首先放上测控装置检修状态投入压板，对测控装置重启一次，若重启成功，则将测控装置投入运行；若重启不成，则汇报调度，影响到的一次设备遥信位置及遥测，由远动工作负责人告知调度自动化人员。

7.4.1.3　220kV 母设测控装置异常

（1）异常设备。220kV 正（副）母母设测控装置。

（2）影响设备。220kV 母设第一（二）套 MU、220kV 正（副）母母设智能终端。

（3）处理原则。首先放上测控装置检修状态投入压板，对测控装置重启一次，若重启成功，则将测控装置投入运行；若重启不成，则汇报调度，影响到的一次设备遥信位置及遥测，由远动工作负责人告知调度自动化人员。

7.4.1.4　主变 220kV 测控装置异常

（1）异常设备。主变 220kV 测控装置。

（2）影响设备。主变 220kV 第一套智能终端、第一套 MU。

（3）处理原则。首先放上测控装置检修状态投入压板，对测控装置重启一次，若重启成功，则将测控装置投入运行；若重启不成，则汇报调度，影响到的一次设备遥信位置及遥测，由远动工作负责人告知调度自动化人员。

7.4.1.5　主变 110kV 测控装置异常

（1）异常设备。主变 110kV 测控装置。

（2）影响设备。主变 110kV 第一套智能终端、第一套 MU。

（3）处理原则。首先放上测控装置检修状态投入压板，对测控装置重启一次，若重启成功，则将测控装置投入运行；若重启不成，则汇报调度，影响到的一次设备遥信位置及遥测，由远动工作负责人告知调度自动化人员。

7.4.1.6　主变 35kV 测控装置异常

（1）异常设备。主变 35kV 测控装置。

（2）影响设备。主变 35kV 第一套智能终端、第一套 MU。

（3）处理原则。首先放上测控装置检修状态投入压板，对测控装置重启一次，若重启成功，则将测控装置投入运行；若重启不成，则汇报调度，影响到的一次设备遥信位置及遥测，由远动工作负责人告知调度自动化人员。

7.4.2　110kV 智能变电站测控装置异常处理

7.4.2.1　110kV 线路测控装置异常

（1）异常设备。110kV 线路测控装置异常。

（2）影响设备。110kV 线路第一套及第二套 MU、110kV 线路智能终端。

（3）处理原则。首先放上测控装置检修状态投入压板，对测控装置重启一次，若重启成功，则将测控装置投入运行；若重启不成，则汇报调度，可能影响到的一次设备遥信位置及遥测，由远动工作负责人告知调度自动化人员。

7.4.2.2　110kV 桥开关测控装置异常

（1）异常设备。110kV 桥开关测控装置异常。

（2）影响设备。110kV 桥开关第一套 MU、110kV 桥开关第二套 MU、110kV 桥开关智能终端。

（3）处理原则。首先放上测控装置检修状态投入压板，对测控装置重启一次，若重启成功，则将测控装置投入运行；若重启不成，则汇报调度，可能影响到的一次设备遥信位置及遥测，由远动工作负责人告知调度自动化人员。

7.4.2.3　110kV 母设测控装置异常

（1）异常设备。110kVⅠ段（Ⅱ段）母线母设测控装置。

（2）影响设备。110kV 母设第一套（第二套）MU、110kVⅠ段（Ⅱ段）母线母设智能终端。

（3）处理原则。首先放上测控装置检修状态投入压板，对测控装置重启一次，若重启成功，则将测控装置投入运行；若重启不成，则汇报调度，可能影响到的一次设备遥信位置及遥测，由远动工作负责人告知调度自动化人员。

7.4.2.4　主变测控装置异常

1. 主变 110kV 及本体测控装置异常

（1）异常设备。主变 110kV 及本体测控装置。

（2）影响设备。主变中性点第一套 MU、主变中性点第二套 MU、主变非电量保护及智能终端。

（3）处理原则。首先放上测控装置检修状态投入压板，对测控装置重启一次，若重启成功，则将测控装置投入运行；若重启不成，则汇报调度，可能影响到的一次设备遥信位置，由远动工作负责人告知调度自动化人员。

2. 主变 10kV 测控装置异常

（1）异常设备。主变 10kV 测控装置。

（2）影响设备。主变 10kV 第一套及第二套 MU、主变 10kV 智能终端。

（3）处理原则。首先放上测控装置检修状态投入压板，对测控装置重启一次，若重启成功，则将测控装置投入运行；若重启不成，则汇报调度，可能影响到的一次设备遥信位置及遥测，由远动工作负责人告知调度自动化人员。

7.5　监控后台常见问题及处理

若数据通信网关机、监控主机、网络设备、同步时钟等设备以及软件功能存在故障，可能导致监控系统功能缺失、性能明显下降，影响监控业务。监控后台常见问题有监控信息异常、控制过程异常、数据通信异常、设备运行异常和交换机异常等五类故障现象。

7.5.1 监控信息异常

监控系统常见的监控信息异常故障类型主要有遥测信息异常、遥测信息不更新、遥测信息跳变、遥信信息漏发、遥信信息频发、遥信信息误发等。监控信息异常和故障诊断步骤如下：

（1）检查监控主机、测控装置、数据通信网关机和调控主站数据是否一致，定位故障区间层级（监控主机和测控、数据通信网关机和测控、主站与数据通信网关机、测控和MU、测控和智能终端）。

（2）根据故障区间定位，通过网络报文记录，分析报文确定故障设备。

7.5.2 控制过程异常

监控系统常见的控制异常故障类型主要有遥控不成功、同期合闸不成功、程序化操作异常中断等。控制异常故障诊断步骤如下：

（1）检查遥控操作是否完成，遥信、遥测是否发生相应变化。

（2）检查控制操作记录，判断遥控命令传输环节是否异常。

（3）检查遥控命令报文，定位故障设备。

7.5.3 数据通信异常

监控系统常见的数据通信异常故障类型主要有 MMS 通信异常、GOOSE 通信异常、SV 通信异常及 104 通信异常等。数据通信异常故障诊断步骤如下：

（1）检查监控主机、测控装置、数据网关机等设备告警记录，查看网络设备运行状态，定位故障环节。

（2）通过网络报文记录，分析报文，确定故障设备。

7.5.4 设备运行异常

监控系统常见的设备运行异常故障类型主要有装置异常、装置故障、监控主机运行异常等。设备运行异常故障诊断方式如下：

（1）根据告警信息，检查相应装置指示灯、液晶面板信息以及装置自诊断记录，判断装置运行异常原因。

（2）检查监控主机人机界面、运行状态，判断主机运行异常原因。

7.5.5 交换机故障处理

220kV 线路过程层 A 网交换机故障应急处理卡见表 7.20。

表 7.20 　　　　　220kV 线路过程层 A 网交换机故障应急处理卡

应急事件		220kV××线过程层 A 网交换机故障
装置重启	1	汇报省调，取得调度同意后
	2	拉开 220kV××线过程层 A 网交换机直流电源开关 6K1、6K2

应急事件		220kV××线过程层 A 网交换机故障
装置重启	3	合上 220kV××线过程层 A 网交换机直流电源开关 6K1、6K2
	4	检查 220kV××线第一套智能终端、第一套 MU、第一套保护、测控装置及 220kV 第一套母差保护无异常及告警信号（包括后台信息）
	5	将重启结果汇报省调
	6	若重启不成，则根据调度指令按"装置故障隔离"处置步骤将相关保护退出
装置故障隔离	1	220kV 第一套母差保护由跳闸改为信号
注意事项		

7.6 现 场 案 例

【案例一】 220kV××变电站 110kV 某支线 MU 一装置无法上电启动。

（1）缺陷现象。装置上电后一直卡在初始化 85%，相关保护测控装置均无法收到采样与信号。

（2）检查情况。现场检查为 CPU 板故障导致装置无法启动，更换 CPU 板后恢复正常，CPU 损坏原因需返厂检测。

现场检查就地智能柜内温度极高，装置运行温度可能达到 60～70℃，就地智能柜按规程应在−10～50℃，装置在夏天长期运行在超温环境，可能是装置 CPU 损坏的一大原因。

（3）处理结果。更换智能汇控柜热交换器后，柜内温度满足规程要求，长时间运行无异常现象。

【案例二】 110kV Ⅰ母 MU 至某 110kV 线 MUI SV 断链信号频发。

（1）缺陷现象。该 110kV 线 MU 装置散热风扇不工作，温控仪不显示，打开装置柜门，温度降低后，该信号复归，柜门关起后，信号重新发出。

（2）检查情况。现场发现该系列热转换器（4 台分别为该 110kV 线智能柜、1 号主变智能柜、2 号主变智能柜、110kV Ⅱ段母线压变智能柜内的热转换器，装置为 Envicool）均是由于该热转换器的主板损坏，导致风扇不转、黑屏、后台温度显示不正确，热转换器装置故障如图 7.8 所示。

（3）处理结果。更换 4 台热转换器的主板（4 台分别为该 110kV 线智能柜、1 号主变智能柜、2 号主变智能柜、110kV Ⅱ段母线压变智能柜内的热转换器）后，如图 7.9 所示，风扇正常运转，无黑屏，后台及监控显示智能柜温度正确。

【案例三】 监控误发第二套保护 A 相跳闸出口、第二套保护 B 相跳闸出口、第二套保护 C 相跳闸出口。

图 7.8　热转换器装置故障

图 7.9　热转换器装置的主板

监控误发信如图 7.10 所示。

（1）缺陷现象。220kV××变运行人员拉开宾塘 2Q20 线开关后监控报宾塘 2Q20 线第二套保护 A 相跳闸出口、宾塘 2Q20 线第二套保护 B 相跳闸出口、宾塘 2Q20 线第二套保护 C 相跳闸出口信号，现场检查后台无该信号，保护装置也无跳闸信号，该信号为误发信号。

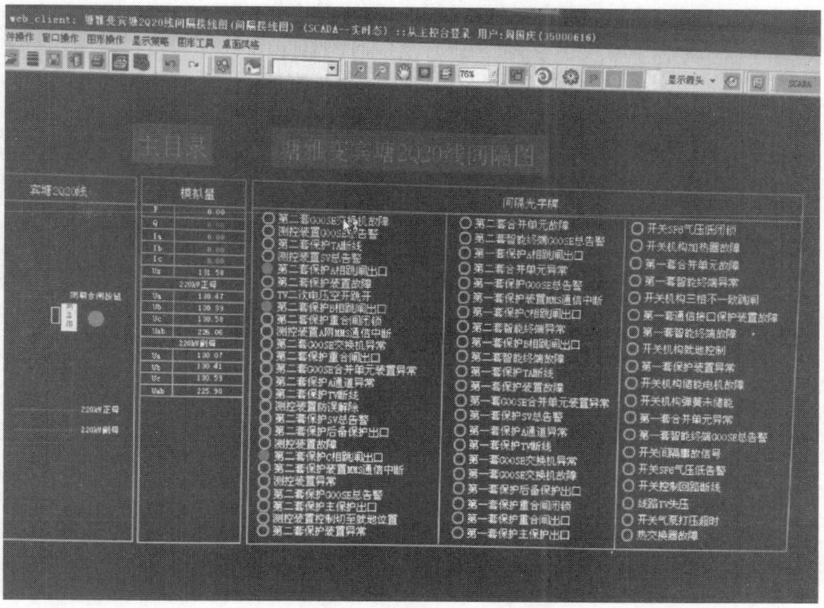

图 7.10 监控误发信

（2）检查情况。现场检查 220kV××变远动配置发现，宾塘 2Q20 线分相跳闸出口信号错误关联成开关位置信号，如图 7.11 所示。厂家更换远动配置后，如图 7.12 所示，信号恢复正常。

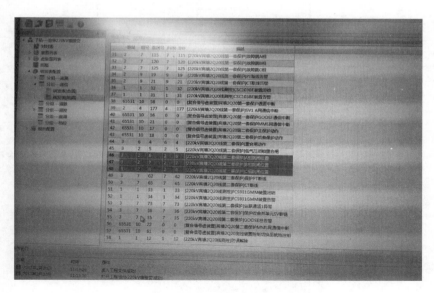

图 7.11 更改前远动配置

【案例四】 智能电子设备发生异常。
智能电子设备异常时，常见检查内容、方法及措施见表 7.21。

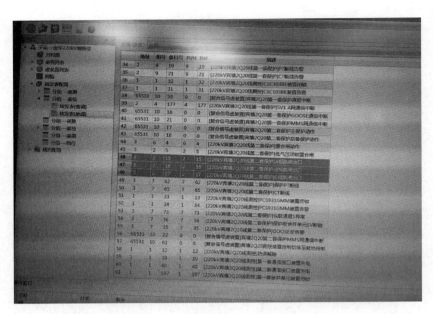

图 7.12　更换后远动配置

表 7.21　　　　　　　　　智能电子设备异常检查内容、方法及措施

异常部件	异常现象	检查内容及方法	采取措施
逆变电源 插件	指示灯异常、电压不 稳、电压超限	测量输入输出电压	更换电源插件
	烟味、过热	检查负载	排除过流负载，更换插件
CPU 系统	重复启动、死机	(1) 检查软件缺陷。 (2) 检查硬件缺陷	更换或消除软件、硬件缺陷
交流采样	数据跳变、数据错误、 精度超差、交流采样通 道异常	(1) 检查 MU 工作是否正常，软件配置 是否正确。 (2) 采集程序是否存在缺陷。 (3) 检查二次转换器工作是否正常。 (4) 检查各 IED 相关报文。 (5) 检查接线是否正确、压接、连接是 否良好。 (6) 检查硬件是否有损坏。 (7) 检查是否有干扰	升级软件或更换插件； 对接线重新压接； 正确设置装置参数等
开关量 回路	开关量异常	(1) 检查接线是否正确、压接是否良好。 (2) 检查硬件是否有损坏。 (3) 检查智能终端。 (4) 检查是否有干扰。 (5) 检查光纤连接是否良好	对接线、回路重新压接，正 确设置参数，更换插件
GOOSE 光纤通道	信号中断、衰耗变化、 误码增加	(1) 检查连接。 (2) 检查交换机。 (3) 检查各 IED	调整参数，更换有缺陷插 件、光缆等

172

异常部件	异常现象	检查内容及方法	采取措施
二次常规回路	接触不良、断线	目测、万用表测量等	压接牢固
	绝缘损坏	检查接线	处理损坏处，更换有缺陷的电缆、插件等
	接线错误	检查接线	重新正确接线
	接地	检查接线	排除接地
线路纵差保护光纤通道	衰耗变化，信号中断，误码增加	（1）检查连接。 （2）检查光电接口、光缆、光端机等。 （3）检查保护设备	调整参数，更换有缺陷插件、光缆、电缆等

第8章　智能变电站继电保护验收

　　智能变电站继电保护验收包含原验收规范要求的全部项目，并增加首次检验必需的重要项目，重点验收继电保护系统的隐蔽工程及在运行过程中不能通过装置自检所反映的问题，含资料检查、公用部分检查、直流电源检查、过程层设备检查、间隔层设备检查、站控层设备检查、网络设备及辅助设备七部分及《国家电网公司十八项电网重大反事故措施》继电保护专业重点实施要求等项目。

　　本章对智能变电站继电保护验收的各个方面、关键环节及注意事项进行详细阐述。

8.1　配置文件及资料验收

8.1.1　配置文件验收

　　（1）SCD 文件应视同常规变电站竣工图纸，统一由现场调试单位提供，SCD 文件以图纸质量要求管理。

　　（2）SCD 文件应能描述所有 IED 的实例配置和通信参数、IED 之间的通信配置以及变电站一次系统结构，且具备唯一性。

　　（3）检查 SCD 文件包含版本修改信息，明确描述修改时间、修改版本号等内容。

　　（4）站控层、间隔层和过程层访问点健全，文件中逻辑设备、逻辑节点和数据集等参数符合 IEC 61850 工程继电保护应用模型标准。

　　（5）ICD 文件与装置一致性检查：核对 ICD 文件中描述中的出口压板数量、名称，开入描述应与设备说明书一致，与设计图纸相符。

　　（6）检查 VLAN - ID、VLAN 优先级等配置应与设计图纸相符。

　　（7）检查报告控制块和日志控制块使能数应满足正常运行要求。

8.1.2　二次系统虚端子检查

　　（1）检查 SCD 文件中的虚端子连接应与设计图纸一致。

　　（2）检查 SCD 文件中信息命名应与装置显示及图纸一致。

8.1.3　报告及资料检查

　　（1）完工报告。

　　（2）监理报告。

　　（3）齐全的型式试验、出厂试验报告及继电保护试验报告（含在集成商厂家所进行的互操作性试验报告）。

（4）保护整定单（正式或调试整定单）。

（5）全所 TA 二次绕组极性、变比的实际接线示意图。

（6）设计变更通知单。

（7）符合实际的继电保护技术资料。

（8）符合实际的继电保护竣工图纸。

（9）最终版本的各种配置文件及注明修改日期的清单，包括全站 SCD 文件、各装置 CID 文件。

（10）提供全站网络结构图，含 MMS 网、GOOSE 网、SV 网交换机端口分配表、全站设备 MAC 地址表、IP 地址分配表。

8.1.4 验收记录及资料备份

（1）最终的 SCD、保护配置文件备份。复验完成后，由建设单位、验收单位、厂家技术人员对全站 SCD 文件进行备份，从保护装置读取配置文件进行备份，备份文件按间隔建目录存放。形成备份文件清单，清单应包括间隔名、保护名称、备份文件目录及名称、文件修改日期。

（2）复验完成后，由建设单位向检修单位移交电子版调试报告，并报调度部门备案。

（3）验收按照间隔编写验收记录，每项验收工作结束，验收人员应根据验收情况填写验收记录。验收记录应有验收人员签名。

（4）全部验收工作结束后，验收小组应填写验收报告。

（5）验收记录及验收报告应在运行、检修部门存档，检修单位继电保护管理部门应将 TA、TV 试验报告作为继电保护管理必备资料存档。

8.2 屏柜外观、二次回路、光纤及网络性能验收

8.2.1 屏柜外观检查

（1）保护屏间隔前后都应有标志，屏内设备、空气开关、把手、压板标识齐全、正确，与图纸和现场运行规范相符。

（2）屏柜附件安装正确；前后门开合正常；照明、加热设备安装正常，标注清晰；打印机工作正常。

（3）保护装置交流电压空气开关要求采用 B02 型，控制电源、保护装置电源空气开关要求采用 B 型并按相应要求配置级差。

8.2.2 电缆接线检查

（1）电缆型号和规格必须满足设计和反事故措施的要求。

（2）所有电缆应采用屏蔽电缆，开关场至保护室的电缆应采用铠装屏蔽电缆。

（3）电缆标牌齐全正确、字迹清晰，不易褪色，须有电缆编号、芯数、截面及起点和终点命名。

（4）电缆屏蔽层两端应同时可靠连接在接地铜排上，接地线截面积不小于 $4mm^2$。

（5）端子箱与保护屏内电缆孔及其他孔洞应可靠封堵，满足防雨防潮要求。

（6）交、直流回路不能合用同一根电缆，保护用电缆与电力电缆不应同层敷设。

8.2.3 端子接线检查

（1）检查所有端子排螺丝均紧固并压接可靠。

（2）检查装置背板二次接线应牢固可靠，无松动。背板接插件固定螺丝牢固可靠，无松动。

（3）回路编号齐全、正确、清晰，不易褪色。

（4）正负电源间至少隔一个空端子。

（5）每个端子最多只能并接二芯，严禁不同截面的二芯直接并接。

（6）不同设备单元，端子布线应分开，不同单元连线须经端子排，正电源应直接上端子排。

（7）跳、合闸出口端子间应有空端子隔开，在跳、合闸端子的上下方不应设置正电源端子。

（8）连接片应开口向上，相邻间距足够，保证在操作时不会触碰到相邻连接片或继电器外壳，穿过保护柜（屏）的连接片导杆必须有绝缘套，屏后必须用弹簧垫圈紧固。

（9）跳闸线圈侧应接在出口压板上端。

（10）加热器与二次电缆应有一定间距。

8.2.4 保护通道接线检查

（1）光纤保护通道光缆和尾纤标识齐全、正确。

（2）光电转换器、电源空气开关、电源屏上电源空气开关标示正确清晰。

8.2.5 光纤、光纤配线架、网线检查

（1）尾纤、光缆、网线应有明确且唯一的名称，应注明两端设备、端口名称、接口类型与图纸一致。

（2）光缆标牌编号、芯数、起点、终点命名正确齐全，字迹清晰，不易褪色。

（3）光纤弯曲曲率半径均大于光纤外直径的 20 倍，分段固定，走向整齐美观，便于检查。

（4）尾纤的连接应完整且预留一定长度，多余的部分应采用弧形缠绕。尾纤在屏内的弯曲内径大于 10cm（光缆的弯曲内径大于 70cm），不得承受较大外力的挤压或牵引。

（5）尾纤不应存在弯折、窝折现象，不应承受任何外重，不应与电缆共同绑扎，尾纤表皮应完好无损。

（6）尾纤接头应干净无异物，连接应可靠，不应有松动现象。

（7）光纤配线架中备用的及未使用的光纤端口、尾纤应带防尘帽。

（8）光缆熔接工艺符合相关规范要求，光缆熔接盒位置合理、固定可靠，不超规定数量熔接。ODF 架标签正确、齐全，备用光纤芯应明确标注。

（9）网线的连接应完整且预留一定长度，不得承受较大外力的挤压或牵引，标牌齐全正确。

（10）网络通信介质宜采用多模光缆，波长 1310nm，宜统一采用 ST 型接。

（11）抽样检查光纤链路发送端功率、接收端功率，计算链路衰耗，应无异常。

（12）光纤链路收发功率检查可采用抽检，与建设单位试验报告数据进行核对。

（13）重点检查备用光纤芯的数量和衰耗是否满足要求，是否与图纸一致。

8.2.6　网络性能验收

（1）交换机文件资料检查。

（2）测试交换机的 VLAN 划分是否与规划的一致。

（3）测试交换机基本性能，包括交换机丢包率、吞吐量、传输延时及背靠背等指标。

（4）交换机优先级测试，根据交换机设置参数测出优先级测试结果，绝对优先级情况下报文不应出现丢帧。

（5）网络交换机多层级联试验，交换机多层级联时的传输时延测试和丢包率应符合装置技术参数要求。

（6）测试 MU 的采样值输出接口，在本端口或其他组网口有网络压力报文情况下，其采样值发送的精度及性能。

（7）智能终端任何网络运行工况流量冲击下，装置均不应死机或重启，不发出错误报文，响应正确报文的延时不应大于 1ms。

（8）在站控层交换机施加 70％、90％以太网报文流量，采用继保护测试仪 MU 前端加故障量模拟短路，检查保护是否有死机、重启、拒动、误动的现象。

8.3　保护装置功能及性能验收检查

8.3.1　保护型号及逻辑检查

（1）装置铭牌数据与设计方案一致。

（2）装置型号正确，装置外观良好。

（3）核对装置版本号，版本号与整定单一致。

（4）检查装置是否已接入同步时钟信号，并对时正确。

（5）同类型同版本装置中随机抽取一套，根据各装置校验规程进行全部校验并形成首次校验报告。母差等全站重要公用设备及具有可编程逻辑的保护装置，则应逐套校验。

8.3.2　开入量检查

（1）采用后台投退软压板的方法检查功能压板的正确性。投退检修压板并检查报文检修位变位情况。

（2）验收时宜采用模拟实际动作情况来检查保护装置各开入量的正确性。

（3）部分不能模拟实际动作情况的开入接点可用在最远处短接动作接点方式进行。

8.3.3　SV 采样试验

（1）SV 投入压板有流判据。

（2）采样异常闭锁测试，包括双 A/D 采样值不一致保护闭锁测试、采样值丢帧保护闭锁测试、采样值发送间隔误差过大闭锁测试、采样不同步或采样延时补偿失效闭锁相关保护测试。

8.3.4　GOOSE 检查

（1）GOOSE 配置文本检查，GOOSE 控制块路径、生存时间、数据集路径、应用标识、配置版本号配置正确。

（2）GOOSE 开入量、开出量动作正确。

（3）GOOSE 断链、不一致条件下，装置应给出对应告警报文，同时上送站控层告警报文，相关保护正确闭锁。

8.3.5　与其他层设备的互联检验

（1）与其他层设备的互联通信正常，通信无丢帧现象。

（2）装置接收/发送的光功率满足技术要求。

（3）整组传动及系统联调试验应能正确。

8.3.6　检修状态检查

（1）保护间隔的检修状态设置功能检查，检修状态可通过软压板实现。

（2）检修时屏蔽设备数据上送站控层设备。

（3）采样检修状态测试。采样与装置检修状态一致条件下，采样值参与保护逻辑计算；采样与装置检修状态不一致条件下，采样值能显示，不参与保护逻辑计算。

8.3.7　主变保护装置检查

（1）主变保护装置光纤收发端口检查，GOOSE 直跳口及组网口满足设计要求。

（2）验证各侧 SV 异常保护装置功能。

（3）非电量回路经保护装置跳闸的（包括经保护逻辑出口的），有关接点均应经过动作功率大于 5W 的出口重动继电器，并应检查该继电器的动作电压、动作功率并抽查动作时间符合反事故措施要求。

（4）主变过负荷闭锁调压功能检查。

8.3.8　母线保护装置检查

（1）各间隔单元参数配置应与实际一次设备相对应，变比与整定单一致。

（2）双母线隔离开关（开入）回路应与隔离开关实际状态对应（有条件时应实际操作隔离开关进行试验，否则应在隔离开关辅助接点处用短接或断开隔离开关辅助接点的方法进行试验）。

（3）每个支路提供 GOOSE 接收和发送软压板，用来控制每个支路的 GOOSE 开入开出。检查 GOOSE 链路异常时，不闭锁母差保护。

（4）母差光纤收发端口检查，GOOSE 直跳口及组网口满足设计要求。

（5）双母接线任意一个间隔正、副母隔离开关同时投入或投互联软压板，验证保护装置互联功能。

（6）验证支路 SV 异常保护装置功能，包括母联支路 SV 异常。

（7）检查母差保护每个支路提供 GOOSE 接收和发送软压板，用来控制每个支路的 GOOSE 开入开出。

（8）验证某条支路有电流而无隔离开关位置时，装置能够记忆原来的隔离开关位置，并根据当前系统的电流分布情况校验该支路隔离开关位置的正确性，此时不响应隔离开关位置确认按钮。

（9）110kV 母差保护首检式验收报告中含 110kV 母联、分段保护装置及回路校验内容，110kV 母联、分段保护不再单独另列首检式验收报告。

8.3.9 线路保护装置检查

（1）保护通道检验与联调正确。

（2）通过线路分相电流差动保护远方跳闸回路传输远方跳闸信号在发送端所经延时满足相关技术规范要求。线路保护与对侧联调，本侧线路保护动作，对侧应正确反应。

（3）检查线路重合闸及闭锁重合闸功能是否满足相关技术规范要求。

8.3.10 安全自动装置检查

（1）装置开关量输入应与现场实际状态一致。

（2）外部闭锁开入动作，装置应能可靠闭锁。内部闭锁逻辑动作，应能可靠闭锁装置。

（3）要求快速跳闸的安全稳定控制装置应采用点对点直接跳闸方式。

8.3.11 电压电流回路检查

（1）电压回路接线正确，引线螺钉压接可靠。

（2）有电气联系的 TV 的二次回路必须分别有且只能有一点接地。

（3）电压二次回路接地点应选在保护室比较合理的屏柜上（如母设屏等），并且有明显的标识。

（4）110kV 电压由 MU 送出数字信号，可取消压变二次侧接地保护器，两段压变二次侧分别就地接地，接入 MU 的接地点分开。10kV 和 35kV 各在 I 段压变柜内单点接地，I 段压变二次侧取消接地保护器，其余各段压变二次侧仍然保留接地保护器。

（5）来自 TV 二次的开关场引入线和三次回路使用电缆必须分开，不得公用。

（6）逐一解开交流电压回路接地点，检查回路对地的绝缘电阻应满足大于 $1M\Omega$。

（7）电压二次并列回路正确可靠，并列切换继电器动作可靠。

（8）用隔离开关辅助接点控制的电压切换继电器，应有电压切换继电器接点作监视用。

（9）TA 的二次回路接地遵循有且只能有一点接地的原则，TA 的二次回路后段采用 MU 的，可在 TA 二次侧就地接地。

（10）主变低压侧采用室内开关柜的，主变差动至少有一套保护的电流回路采用开关柜内 TA 的二次绕组。

（11）解开保护装置交流电流回路接地点，检查回路对地绝缘电阻应满足大于 1MΩ。

（12）核对 TA 接线示意图中内容应与实际接线一致，各间隔的 TA 变比应与（调试）整定单一致。

（13）TA 装小瓷套的一次端子（L1 侧）应放在母线侧。

（14）TA 的二次绕组分配应特别注意避免出现 TA 内部故障时的保护死区。

（15）电流试验端子应采用螺孔旋入型，并在屏上标明 TA 侧和保护侧，电流试验端子的接地点应可靠接地。

（16）测量并记录保护交流电流回路的二次回路负载阻抗。

（17）验收组应安排人员见证一次通流试验。

8.3.12　跳合闸二次回路检查

8.3.12.1　跳合闸回路绝缘检查

（1）跳闸出口回路绝缘检查。

（2）合闸出口回路绝缘检查。

8.3.12.2　跳合闸回路传动检查

（1）跳合闸回路传动检查应在 80% 额定直流电压下进行试验，要求开关动作正确，信号指示正常。

（2）检查 GOOSE 出口压板、智能终端出口压板与相应回路的对应关系正确，无寄生回路。

（3）重合闸的动作方式应满足整定单要求，不发生多次重合。

（4）主变保护主保护及各侧后备保护跳闸逻辑应满足技术规程和整定单要求。

8.3.12.3　联闭锁回路传动检查

检查传动线路保护启动开关重合回路、闭锁重合回路、远跳收信回路等联闭锁回路，并验证回路上所有压板的正确性。

8.3.12.4　跳合闸回路动作性能检查

（1）在额定直流电压下进行试验，校核跳合闸回路的动作电流满足要求。

（2）出口电压继电器应检查动作电压和返回电压。

（3）电流继电器应检查动作电流、动作保持电流和返回电流。

（4）非电量保护跳闸回路动作性能检查。

8.3.13　检修机制检查

8.3.13.1　装置检修压板投退检查

（1）每一套保护装置对应检修压板投退开入正确。

（2）MU、智能终端对应检修压板投退开入正确。

8.3.13.2　检修状态功能检查

（1）分别改变各装置的检修状态，保护装置处理报文的行为正常。

（2）智能终端和保护装置检修压板不一致时，检查装置在正常和检修状态下，保护装置处理报文的行为正常。

8.3.13.3　检修机制检查方案

（1）主变正常运行，主变保护、MU、智能终端检修压板全部退出。

（2）主变全停检修，主变保护检修压板投入，各侧 MU 检修压板投入，各侧智能终端检修压板投入。

（3）主变单侧停电检修，仅将检修侧 MU、智能终端的检修压板投入，其余各检修压板置于退出状态。后台将检修侧 MU 软压板退出。

（4）内桥开关检修，将内桥侧 MU、智能终端的检修压板投入，其余各检修压板处于退出状态。后台将内桥 MU 软压板退出。

（5）停用单套保护装置的不停电检修，将该套保护检修压板投入，其余压板退出。

8.4　智能变电站继电保护验收卡示例

8.4.1　220kV 母线 TV MU 标准化验收卡

1. 设备验收概况及总结（本项作为工程验收完成的确认内容）

设备验收概况及总结见表 8.1。

表 8.1　　　　　　　　　　设备验收概况及总结

单位名称			变电站			验收性质	新建（　　）　　扩建（　　） 技改（　　）	
工程名称			间隔编号					
保护设备	设备型号		制造厂家			出厂日期		
	软件版本号		校验码			程序形成时间		
软件版本要求	各保护的软件版本应符合省调或地区最新发布的年度微机保护适用软件版本规定要求						符合（　　）　　不符合（　　）	
验收发现遗留问题	序号	验收总结的主要情况					整改情况	
	1							
	2							
	3							
	4							
	5							
	6							
验收综合评价								
验收人员签字	调试人员： 验收人员： 　　　　　　　　　　　　　　年　　月　　日							

2. 试验报告（原始记录）及技术资料

试验报告（原始记录）及技术资料见表8.2。

表 8.2   试验报告（原始记录）及技术资料

序号	验收项目	技术标准要求	检查情况及整改要求
1	试验原始数据记录报告（必须采用空表格式，且必须采用手填试验数据的方法）	应记录装置制造厂家、设备出厂日期、出厂编号、合格证等	
		应记录测试仪器、仪表的名称、型号；应使用经检验合格的测试仪器（合格有效期标签）	
		应记录试验类别、检验工况、检验项目名称、缺陷处理情况、检验日期等	
		应记录设备保护程序/通信程序/CID文件版本号、生成时间、CRC校验码	
		试验项目完整，试验数据合格（应有结论性文字表述）	
2	三级验收报告	应有试验负责人和试验人员及安装、调试单位主管签字并加盖调试单位公章的三级验收单	
3	工作联系单	工作联系单问题已处理，设计修改通知单已全部执行	
4	全站配置情况	施工单位已落实全站SCD文件和装置的CID文件，确定采样值报文的格式（每个通道的具体定义）、GOOSE报文的格式（虚端子数据集的定义及对应关系）、全站网络结构和交换机配置。 并提交一套完整的全站SCD文件给运行维护单位验收	
5	MU检验	应对MU进行如下检查，检查结果应满足相应规程要求： （1）MU发送SV报文检验。 （2）MU失步再同步性能检验。 （3）MU检修状态测试。 （4）MU电压切换功能检验。 （5）MU电压并列功能检验。 （6）MU准确度测试。 （7）MU传输延时测试	
6	现场TV变比、极性交底单	调试人员应认真完成现场TV变比、极性的核对，并向运行维护单位提交电压互感器技术交底单	

3. 安全措施检查（适用于变电站二次设备技改、二期扩建等）

安全措施检查见表8.3。

表 8.3 安 全 措 施 检 查

序号	验收项目	技术标准要求	检查情况及整改要求
1	与直流系统的联系	在验收前，装置直流电源未接入运行中直流系统	
2	与运行母线 TV MU 的联系	验收前，检查、确认与运行母线 TV MU 隔离完全	

4. 设备外观及回路绝缘检查

设备外观及回路绝缘检查见表 8.4。

表 8.4 设备外观及回路绝缘检查

序号	验收项目	技术标准要求	检查情况及整改要求
1	保护屏、柜、开关端子箱、非全相端子箱的安装	保护屏底座四边应用螺栓与基础型钢连接牢固	
		屏柜门开、关灵活；漆层完好、清洁整齐；屏柜门应有 $4mm^2$ 以上的软铜导线与接地铜排相连	
		屏柜内二次专用铜排接地检查：屏内铜排用不小于 $50mm^2$ 的铜缆接至地网铜排；端子箱内二次专用铜排应用不小于 $100mm^2$ 的铜缆接至地网	
		箱内（屏内）每一根二次电缆屏蔽层应可靠连接至箱内（屏内）专用接地铜排上	
		端子箱（屏柜）底座的电缆孔洞封堵良好（由运行人员认可）	
		箱体应与主地网明显、可靠连接，接地扁铁涂黄绿漆标识	
		屏柜内螺丝无松动，无机械损伤，无烧伤现象；小开关、按钮良好；检修硬压板接触良好	
2	端子排的安装	端子排应无损坏，固定良好	
		端子排内外两侧都应有序号	
3	二次回路接线检查	导线与端子排的连接牢固可靠，每段端子排抽查十个，发现有任何一个松动，可认定为不合格	
		导线芯线应无损伤，且不得有中间接头	
		电缆芯线和较长连接线所配导线的端部均应标明其回路编号，号头应有三重编号（本侧端子号、回路号、电缆号），且应正确，字迹清晰且不易脱色，不得采用手写	
		配线应整齐、清晰、美观，符合创优施工工艺规范要求	
		屏内电缆备用芯都应有号头（标明电缆号），且每芯应用二次电缆封堵头套好，不脱落	
		按照设计图纸检查光纤回路的正确性，包括保护设备、MU、交换机、智能终端之间的光纤回路	

序号	验收项目	技术标准要求	检查情况及整改要求
3	二次回路接线检查	光纤应连接正确、牢固；光纤尾纤应呈现自然弯曲（弯曲半径大于 3cm），不应存在弯折、窝折的现象，不应承受任何外重；光纤接头连接应牢靠，不应有松动及虚接现象；尾纤表皮应完好无损。尾纤接头应干净无异物。光纤标号正确，光纤走向看板图表示正确清楚	
		屏内的电缆排列整齐，避免交叉，固定牢固，不应使所接的端子排受到机械应力，标识正确齐全	
		交流回路接线号头应用黄色号头管打印，与其他回路区别开	
4	二次回路绝缘	核查试验报告，本项试验数据应合格（在允许范围内）；应根据试验报告随意抽取不少于三个试验点加以验证	
5	现场设备标识	MU 压板标识应清晰明确、标准规范，并逐一拉合试验确认对应关系	
		MU 柜命名应符合调度命名规范	
6	其他	屏内电缆悬挂电缆号牌，挂牌为硬塑号牌，悬线使用硬导线；应按规范标明其电缆编号（含开关编号）等，且不得采用手写	
		屏内各独立装置、继电器、切换把手和压板标识正确齐全，且其外观无明显损坏	

5. 保护主要反事故措施内容检查

保护主要反事故措施内容检查见表 8.5。

表 8.5 保护主要反事故措施内容检查

序号	验收项目	技术标准要求	检查情况及整改要求
1	电缆屏蔽线、专用接地铜排	电缆两端的屏蔽层应可靠连接于户外端子箱内及保护屏的 100mm² 接地铜排上；由 TA 本体引出二次电缆的屏蔽层可在就地端子箱内单端接地	
2	端子排的反事故措施	正、负电源之间以及经常带电的正电源与合闸或跳闸回路之间，应至少以一个空端子隔开	
3	TV 二次回路	现场本体的 TV 变比设定情况及极性确认验收，应与提交的电压互感器交底单一致	

6. 保护装置单体调试验收

保护装置单体调试验收见表 8.6。

表 8.6   保护装置单体调试验收

序号	验收项目	技术标准要求及方法	检查情况及整改要求
1	设备工作电源检查	(1) 正常工作状态下检验：装置正常工作。 (2) 110%额定工作电源下检验：装置稳定工作。 (3) 80%额定工作电源下检验：装置稳定工作。 (4) 电源自启动试验：合上直流电源插件上的电源开关，将试验直流电源由零缓慢调至 80%额定电源值，此时装置运行灯应燃亮，装置无异常。 (5) 直流电源拉合试验：在 80%直流电源额定电压下拉合 3 次直流工作电源，逆变电源可靠启动，保护装置不误动，不误发信号。 (6) 装置断电恢复过程中无异常，通电后工作稳定正常。 (7) 在装置上电掉电瞬间，装置不应发异常数据	
2	设备通信接口检查	(1) 检查通信接口种类和数量是否满足要求，检查光纤端口发送速率、接收功率、最小接收功率。 (2) 光波长 1300nm 光纤：光纤发送功率为 -20～-14dBm；光接收灵敏度为 -31～-14dBm。 (3) 光波长 850nm 光纤：光纤发送功率为 -19～-10dBm；光接收灵敏度为 -24～-10dBm	
3	设备软件和通信报文检查	(1) 检查设备保护程序/通信程序/CID 文件版本号、生成时间、CRC 校验码，应与历史文件比对，核对无误。 (2) 检查设备过程层网络接口 SV 和 GOOSE 通信源 MAC 地址、目的 MAC 地址、VLANID、APPID、优先级是否正确。 (3) 检查设备站控层 MMS 通信的 IP 地址、子网掩码是否正确，检查站控层 GOOSE 通信的源 MAC 地址、目的 MAC 地址、VLANID、APPID、优先级是否正确。 (4) 检查 GOOSE 报文的时间间隔。首次触发时间 T_1 宜不大于 2ms，心跳时间 T_0 宜为 1～5s；检查 GOOSE 存活时间，应为当前 2 倍 T_0 时间；检查 GOOSE 的 STNUM，SQNUM	
4	保护装置的零漂、采样值精度	(1) 再次核查试验报告原始记录，本项试验数据应合格（在允许范围内）。 (2) 根据试验报告原始记录，随意抽取几个试验点加以验证，要求每个采样通道均要试验。 (3) 检查保护装置对不同间隔电流、电压信号的同步采样性能，满足技术条件的要求	

序号	验收项目	技术标准要求及方法	检查情况及整改要求
5	采样值品质位无效测试	（1）采样值无效标识累计数量或无效频率超过保护允许范围，可能误动的保护功能应瞬时可靠闭锁，与该异常无关的保护功能应正常投入，采样值恢复正常后被闭锁的保护功能应及时开放。 （2）采样值数据标识异常应有相应的掉电不丢失的统计信息，装置应采用瞬时闭锁延时告警方式	
6	采样值畸变测试	对于电子式互感器采用双 A/D 的情况，一路采样值畸变时，保护装置不应误动作，同时发告警信号	
7	采样值传输异常测试	采样值传输异常导致保护装置接收采样值通信延时、MU 间采样序号不连续、采样值错序及采样值丢失数量超过保护设定范围，相应保护功能应可靠闭锁，以上异常未超出保护设定范围或恢复正常后，保护区内故障保护装置可靠动作并发送跳闸报文，区外故障保护装置不应误动	
8	软压板检查	检查设备的软压板设置是否正确，软压板功能是否正常。软压板包括 SV 接收软压板、GOOSE 接收/出口压板、保护元件功能压板等	
9	开入开出端子信号检查	检查开入开出实端子是否正确显示当前状态，根据设计图纸，投退各个操作按钮、把手、硬压板，查看各个开入开出量状态	
10	检修状态测试	（1）保护装置输出报文的检修品质应能正确反映保护装置检修压板的投退。保护装置检修压板投入后，发送的 MMS 和 GOOSE 报文检修品质置位，同时面板应有显示；保护装置检修压板打开后，发送的 MMS 和 GOOSE 报文检修品质应不置位，同时面板应有显示。 （2）输入的 GOOSE 信号检修品质与保护装置检修状态不对应时，保护装置应正确处理该 GOOSE 信号，同时不影响运行设备的正常运行。 （3）在测试仪与保护检修状态一致的情况下，保护动作行为正常。 （4）输入的 SV 报文检修品质与保护装置检修状态不对应时，保护应闭锁	
11	双母线 TV 并列功能的检验	TV 并列宜采用手动并列方式，母联位置由 GOOSE 网传送，通过改变母联隔离开关 1、母联隔离开关 2 及母联开关位置，实现不同情况下的并列。检验 MU 的电压并列功能是否正常	
12	双母线 TV 切换功能的检验	间隔 MU 接收母线 MU 电压 SV，同时从 GOOSE 网接收该间隔隔离开关位置信息进行电压切换。切换中应注意异常告警现象。检验 MU 的电压切换功能是否正常	

7. 所有信号核对（含一次部分、二次部分设备）

所有信号核对见表8.7。

表8.7 　　　　　　　　　　　　所有信号核对

序号	验收项目	存在问题及整改要求
1	与综合自动化后台监控机信号核对（查是否满足信号命名和分类规范，是否存在不同类信号合并问题）	
2	与EMS系统、运维站信号核对（调控一体站），跳闸信号可结合带开关整组传动试验进行核对； 施工单位应与业主调度自动化专业进行四遥信号核对，并提交经调度自动化专业签字确认的报告	
3	与故障录波器的联调检查	
4	与保护故障信息系统的联调检查，结合整组传动试验，应在主站、辅站调阅动作信息、保护装置录波信息，并确认正常	

8.4.2　220kV母联保护标准化验收卡

1. 设备验收概况及总结（本项作为工程验收完成的确认内容）

设备验收概况及总结见表8.8。

表8.8 　　　　　　　　　　　　设备验收概况及总结

单位名称			变电站		验收性质	新建（　）　扩建（　）
工程名称			间隔编号			技改（　）
保护设备	设备型号		制造厂家		出厂日期	
	软件版本号		校验码		程序形成时间	
软件版本要求	各保护的软件版本应符合省调或地区最新发布的年度微机保护适用软件版本规定要求					符合（　）　不符合（　）
验收发现遗留问题	序号	验收总结的主要情况				整改情况
	1					
	2					
	3					
	4					
	5					
	6					
验收综合评价						
验收人员签字	调试人员： 验收人员：					年　　月　　日

2. 保护装置单体调试验收

保护装置单体调试验收见表8.9。

表 8.9 保护装置单体调试验收

序号	验收项目	技术标准要求及方法	检查情况及整改要求
1	设备工作电源检查	(1) 正常工作状态下检验：装置正常工作。 (2) 115％额定工作电源下检验：装置稳定工作。 (3) 80％额定工作电源下检验：装置稳定工作。 (4) 电源自启动试验：合上直流电源插件上的电源开关，将试验直流电源由零缓慢调至80％额定电源值，此时装置运行灯应燃亮，装置无异常。 (5) 直流电源拉合试验：在80％直流电源额定电压下拉合三次直流工作电源，逆变电源可靠启动，保护装置不误动，不误发信号。 (6) 装置断电恢复过程中无异常，通电后工作稳定正常。 (7) 在装置上电掉电瞬间，装置不应发异常数据，继电器不应误动作	
2	设备通信接口检查	(1) 检查通信接口种类和数量是否满足要求，检查光纤端口发送功率、接收功率、最小接收功率。 (2) 光波长 1300nm 光纤：光纤发送功率为 $-20\sim-14$dBm；光接收灵敏度为 $-31\sim-14$dBm。 (3) 光波长 850nm 光纤：光纤发送功率为 $-19\sim-10$dBm；光接收灵敏度为 $-24\sim-10$dBm	
3	设备软件和通信报文检查	(1) 检查设备保护程序/通信程序/CID 文件版本号、生成时间、CRC 校验码，应与历史文件比对，核对无误。 (2) 检查设备过程层网络接口 SV 和 GOOSE 通信源 MAC 地址、目的 MAC 地址、VLANID、APPID、优先级是否正确。 (3) 检查设备站控层 MMS 通信的 IP 地址、子网掩码是否正确，检查站控层 GOOSE 通信的源 MAC 地址、目的 MAC 地址、VLANID、APPID、优先级是否正确。 (4) 检查 GOOSE 报文的时间间隔。首次触发时间 T_1 宜不大于 2ms，心跳时间 T_0 宜为 $1\sim5$s；检查 GOOSE 存活时间，应为当前 2 倍 T_0 时间；检查 GOOSE 的 ST-NUM，SQNUM	
4	保护装置的零漂、采样值精度	(1) 再次核查试验报告原始记录，本项试验数据应合格（在允许范围内）。 (2) 根据试验报告原始记录，随意抽取几个试验点加以验证，要求每个采样通道均要试验。 (3) 检查保护装置对不同间隔电流、电压信号的同步采样性能，满足技术条件的要求	

序号	验收项目	技术标准要求及方法	检查情况及整改要求
5	采样值品质位无效测试	（1）采样值无效标识累计数量或无效频率超过保护允许范围，可能误动的保护功能应瞬时可靠闭锁，与该异常无关的保护功能应正常投入，采样值恢复正常后被闭锁的保护功能应及时开放。 （2）采样值数据标识异常应有相应的掉电不丢失的统计信息，装置应采用瞬时闭锁延时告警方式	
6	采样值畸变测试	对于电子式互感器采用双 A/D 的情况，一路采样值畸变时，保护装置不应误动作，同时发告警信号	
7	采样值传输异常测试	采样值传输异常导致保护装置接收采样值通信延时、MU 间采样序号不连续、采样值错序及采样值丢失数量超过保护设定范围，相应保护功能应可靠闭锁，以上异常未超出保护设定范围或恢复正常后，保护区内故障保护装置可靠动作并发送跳闸报文，区外故障保护装置不应误动	
8	软压板检查	检查设备的软压板设置是否正确，软压板功能是否正常。软压板包括 SV 接收软压板、GOOSE 接收/出口压板、保护元件功能压板等	
9	开入开出端子信号检查	检查开入开出实端子是否正确显示当前状态，根据设计图纸，投退各个操作按钮、把手、硬压板，查看各个开入开出量状态	
10	检修状态测试	（1）保护装置输出报文的检修品质应能正确反映保护装置检修压板的投退。保护装置检修压板投入后，发送的 MMS 和 GOOSE 报文检修品质应置位，同时面板应有显示；保护装置检修压板打开后，发送的 MMS 和 GOOSE 报文检修品质应不置位，同时面板应有显示。 （2）输入的 GOOSE 信号检修品质与保护装置检修状态不对应时，保护装置应正确处理该 GOOSE 信号，同时不影响运行设备的正常运行。 （3）在测试仪与保护检修状态一致的情况下，保护动作行为正常。 （4）输入的 SV 报文检修品质与保护装置检修状态不对应时，保护应闭锁	
11	保护装置定值抽检	（1）再次核查试验报告原始记录，本项试验数据应合格（在允许范围内）。 （2）按照调度下达的正式定值（或调试定值）单，随意选取几个定值项，模拟相应的故障，所测试验数据与试验报告上的数据相比较，偏差应较小	

序号	验收项目	技术标准要求及方法	检查情况及整改要求
12	操作箱继电器检查	核查对应开关机构的跳闸电流，防跳继电器动作电流稍微小于跳闸电流的50%，线圈压降小于$10\%U_e$，并进行实际带开关模拟试验	
		抽取几个出口中间继电器动作电压（长电缆启动继电器还需进行动作功率检查）、动作时间测试［介于$(55\%\sim70\%)U_e$合格］	
13	非全相继电器检查	抽取几个出口继电器动作电压测试［介于$(55\%\sim70\%)U_e$合格］	
		母联间隔非全相出口时间继电器应整定在0.5s，误差不超过5%，具有两组非全相回路的，应分别试验，检查继电器动作时限及出口的正确性	
14	开关机构压力低闭锁回路试验	断开第一组控制电源，模拟保护动作应能正确跳闸	
		断开第二组控制电源，模拟保护动作应能正确跳闸	
15	两个跳闸线圈同极性确认试验	送上第一组、第二组控制电源，模拟两组三相跳闸，检查开关应能正确跳闸，若正确则两线圈同极性接线，不会拒动	

3. 整组传动试验

整组传动试验见表8.10。

表 8.10　　　　　　整 组 传 动 试 验

序号	验收项目	技术标准要求及方法	检查情况及整改要求
1	直流电源对保护影响	在空载状态下： (1) 拉合直流电源空气开关。 (2) 缓慢变化或大幅度变化直流电源电压，保护不应误动或信号误显示保护不应动作	
		80%额定直流电源下，模拟单相永久性故障性质，检验保护间配合关系和带开关跳闸能力	
2	带开关传动试验，核对保护装置压板、智能终端、开关相别唯一性对应正确	(1) 合上三相开关。 (2) 仅投保护功能压板，模拟任意单相瞬时故障，保护跳闸信号正确，开关不跳闸。 (3) 在 (2) 的基础上增投保护的第一组出口压板，断操作Ⅱ组直流，分别模拟 A、B、C 相瞬时故障，保护装置及智能终端上应有动作信号，开关跳闸出口正确；并与开关就地现场人员核对所跳开关正确。 (4) 在 (2) 的基础上保护的第一组出口压板，模拟任意单相瞬时故障，保护装置及智能终端上应有动作信号，开关跳闸出口正确；并与开关就地现场人员核对所跳开关正确、相别正确。 (5) 模拟任意相永久性故障，保护动作正确，信号正确，装置打印报告正确、打印波形正确；开关三跳	
3	非全相试验	开关合位，模拟任一相开关偷跳，由非全相保护经延时跳开关，非全相信号正确	

4. 所有信号核对（含一次部分、二次部分设备）

所有信号核对见表 8.11。

表 8.11　　　　　　　　　　所 有 信 号 核 对

序号	验 收 项 目	存在问题及整改要求
1	与综合自动化后台监控机信号核对（查是否满足信号命名和分类规范，是否存在不同类信号合并问题）	
2	与 EMS 系统、运维站信号核对（调控一体站），跳闸信号可结合带开关整组传动试验进行核对； 施工单位应与业主调度自动化专业进行四遥信号核对，并提交经调度自动化专业签字确认的报告	
3	与故障录波器的联调检查	
4	与保护故障信息系统的联调检查，结合整组传动试验，应在主站、辅站调阅动作信息、保护装置录波信息，并确认正常	

5. 启动前及启动期间验收

启动前及启动期间验收见表 8.12。

表 8.12　　　　　　　　启动前及启动期间验收

序号	验收项目	技术标准要求及方法	检查情况及整改要求
1	调度正式定值验收	要求应从保护装置中打印出完整定值清单（包含系统参数、变比信息、控制字定值、压板定值等内容），与调度下达正式保护定值整定单（含说明内容）逐项核对正确一致，变比与现场实际确认一致。具体定值核对工作需经继电保护专业技术人员确认无误，对于委托外单位调试的工程，应由业主运行维护单位的保护人员核对确认无误（包含不同运行方式下，充电保护定值的核对）	
2	投入运行前的准备工作	检查全站 SCD 文件及相应 CRC 校验码，所有被检设备的保护程序、通信程序、配置文件、CID 文件及相应 CRC 校验码是否都正确保存	
3	相量测试	对于外委工程，业主运行维护单位的保护技术人员应参与相量测试分析工作，确保相量正确无误	

8.4.3　220kV 测控装置标准化验收卡

1. 设备验收概况及总结（本项作为工程验收完成的确认内容）

设备验收概况及总结见表 8.13。

表 8.13　　　　　　　　　　　　　　　**设 备 验 收 概 况 及 总 结**

单位名称		变电站		验收性质	新建（　）　扩建（　） 技改（　）	
工程名称		间隔编号				
系统型号		系统版本		制造厂家		
设备型号		程序版本				
程序校验码		程序形成时间		出厂日期		
CID 版本		CID 校验码				
配置文件版本		配置文件校验码				
	序号	验收总结的主要情况			整改情况	
验收发现遗留问题	1					
	2					
	3					
	4					
	5					
	6					
验收综合评价						
验收人员签字	调试人员： 验收人员： 　　　　　　　　　　　　年　　　　月　　　　日					

2. 全站配置文件检查

全站配置文件检查见表 8.14。

表 8.14　　　　　　　　　　　　　　**全 站 配 置 文 件 检 查**

序号	验收项目	技术标准要求	检查情况及整改要求
1	配置文件检查	调试单位已落实完成全站 SCD 文件与设计图纸一致的检查工作，并提交竣工的 SCD 文件给运行维护单位验收	
		调试单位已落实完成检查现场 SCD/CID 等配置文件与归档配置文件一致的检查工作	
		调试单位已落实完成归档 SCD/CID 的系统功能及通信参数与设计文件一致的检查工作	
		调试单位已落实完成归档 SCD/CID 的虚回路配置与虚回路设计表一致的检查工作	

3. 试验报告（原始记录）及技术资料检查

试验报告（原始记录）及技术资料检查见表 8.15。

表 8.15   **试验报告（原始记录）及技术资料检查**

序号	验收项目	技术标准要求	检查情况及整改要求
1	试验报告或原始记录（试验数据须采用手填）	应记录装置制造厂家、设备出厂日期、出厂编号、合格证等	
		应记录测试仪器、仪表的名称、型号；应使用经检验合格的测试仪器（合格有效期标签）	
		应记录试验类别、检验工况、检验项目名称、缺陷处理情况、检验日期等	
		应记录测控装置的版本号及校验码等参数	
		试验项目符合相关规程的要求，定值按照调试定值/正式定值进行试验，试验数据合格（应有结论性文字表述），具备与调度控制主站联调的试验报告	
2	"四遥"信息表	应有与调控一体站系统或调度自动化系统联调的遥信、遥测、遥控信息表，符合各级调度所需相关部门审核；主站与子站命名一致	
3	测控装置定值单	应有测控定值单，符合《省公司综自系统测控装置整定值管理规定》	
4	三级验收报告	应有试验负责人和试验人员及安装、调试单位主管签字并加盖调试单位公章的三级验收单	
5	工作联系单	工作联系单问题已处理，设计修改通知单已全部执行	
6	图实相符核对工作	调试单位已落实完成图实相符核对工作（对照施工图及设计变更通知单，核对屏柜电缆、光纤、网络接线是否与设计要求一致，光纤标识是否按照相关光纤标识规范粘贴），并提交一套完整的施工图（或由设计单位提供竣工草图）给运行维护单位验收	
7	现场 TV 变比检查	调试人员应认真完成现场 TV 变比、绕组核对	

4. 安全措施检查（适用于变电站二次设备技改、二期扩建等）

安全措施检查见表 8.16。

表 8.16   **安 全 措 施 检 查**

序号	验收项目	技术标准要求	检查情况及整改要求
1	与直流系统的联系	在验收前，装置直流电源未接入运行中直流系统	
2	遥控试验安全措施检查	遥控试验验收前应将全站其他间隔远方就地切换把手打至就地位置（电容器及调挡除外）	

5. 反事故措施内容检查及功能规范检查

反事故措施内容检查及功能规范检查见表 8.17。

表 8.17　　　　　　　　反事故措施内容检查及功能规范检查

序号	验收项目	技术标准要求	检查情况及整改要求
1	通信及网络线、光缆	跨设备区接入交换机的应采用光缆（光口）连接；电缆沟内的通信及网络线和不带铠装的光缆必须用 PVC 管等做护套；网络线采用国标中规定的线序；采用双网通信的 A、B 网不得共用一根光缆	
2	遥信开入电源与测控装置工作电源的供电方式	同一间隔的测控装置工作电源与其遥信开入电源应由屏上两个独立的空气开关供电，回路设计上不得有电的联系，测控装置电源和遥信开入电源失电时应进行告警	
3	电气防误闭锁	断路器电气防误闭锁回路不再同时对就地/远方操作实施闭锁，改为仅对断路器就地操作实施有效闭锁	
4	同期功能闭锁	同期电压回路断线闭锁同期功能	
5	就地操作功能	若需要在测控屏进行一次设备操作（非装置面板操作），宜配置"远方/就地""合/分""同期/无压/不检"把手	

6. 测控装置单体调试验收

测控装置单体调试验收见表 8.18。

表 8.18　　　　　　　　测控装置单体调试验收

序号	验收项目	技术标准要求及方法	检查情况及整改要求
1	装置软件版本检查	检查装置软件版本、程序校验码、制造厂家等与调试定值单或正式定值单一致	
2	上电检查	电源检查：直流电源输入 $80\%U_e$ 和 $115\%U_e$ 下，电源输出稳定，拉合装置电源，装置无异常	
		无异常告警	
		定值整定功能：定值输入和固化功能、失电保护功能、定值区切换功能正常	
		压板投退功能：功能软压板及 GOOSE 出口软压板投退正常；检修硬压板功能正常	
		对时功能测试：检查装置的时钟与 GPS 时钟一致	
3	光功率检查	接收和发送的光功率、光纤链路衰耗值、光灵敏度应满足要求（光波长 1300nm 的发送光功率为 $-20\sim-14$dBm，接收光灵敏度为 $-31\sim-14$dBm；光波长为 850nm 的发送光功率为 $-19\sim-10$dBm；接收光灵敏度为 $-24\sim-10$dBm）	

序号	验收项目	技术标准要求及方法	检查情况及整改要求
4	通信检查	MMS 网络通信检查：①检查站控层各功能主站（包括录波）与该测控装置通信正常，能够正确发送和接收相应的数据；②检查网络断线时，测控装置和操作员站检出通信故障的功能	
		GOOSE 网络通信检查：①GOOSE 连接检查装置与GOOSE 网络通信正常，可以正确发送、接收到相关的GOOSE 信息；②GOOSE 网络断线和恢复时，故障告警和复归时间小于 15ms	
		SV 采样网络通信检查：装置与 MU 通信正常，可以正确接收到相关的采样信息	
		光纤物理回路断链应与监控后台断链告警内容一致	
5	压板检查	软压板命名应规范，并与设计图纸一致	
		进行软压板唯一性检查	
6	SV 数据采集精度及采样异常闭锁试验	测控装置的采样零漂、精度及线性度检查；每个采样通道的试验数据均应在允许范围	
		当 SV 采样值无效位为"1"时，模拟测控动作，应闭锁相关测控	
7	检修状态检查	测控装置置检修状态，智能终端置检修时，发送的所有 GOOSE 报文检修位置"1"。测控装置收开关位置、隔离开关位置等稳态量保持实时状态，测控装置发带有检修标识 MMS 报文，并在检修窗口显示	
		测控装置置检修状态，智能终端不置检修时，测控装置收开关位置、隔离开关位置等稳态量保持实时状态，测控装置发带有检修标识 MMS 报文，并在检修窗口显示	
		测控装置不置检修状态，智能终端置检修时，发送的所有 GOOSE 报文检修位置"1"。测控装置收开关位置、隔离开关位置等稳态量保持实时状态，测控装置发带有检修标识 MMS 报文，并在检修窗口显示	
		无论测控装置置检修状态与接收 SV 报文的检修位是否一致，装置保持实时采样，并带有检修标识	
		测控装置投入检修状态时应将 MMS 报文置检修标志，操作员站仅在检修窗口显示相关报文	
		本装置与智能终端/MU 检修不一致时，闭锁同期功能	

序号	验收项目	技术标准要求及方法	检查情况及整改要求
8	开入、开出量检查	硬接点开入、开出检查，要求与设计图纸一致，功能正常	
		装置的 GOOSE 虚端子开入、开出应与设计图纸、SCD 文件一致	
9	遥信开入光耦动作电压检查	进行遥信光耦动作电压测试，动作电压应为额定电压的 55%～70%	
10	遥测精度检验	从现场测控装置实际通流通压，检查测控装置液晶面板上的遥测值误差：电压电流误差应不超过 0.2%，功率误差应不超过 0.5%，频率误差不超过 0.01Hz，温度误差不超过 2℃	
11	同期及定值检查	(1) 检无压闭锁试验。 (2) 压差定值试验。 (3) 频差定值试验。 (4) 角差定值试验	
12	同期切换模式检查	(1) 禁止检同期和检无压模式自动切换。 (2) 同期电压回路断线告警和闭锁同期功能	
13	转换把手标识检查	转换把手标示应规范、完整（双重编号、专用标签带），并与图纸一致	
14	功能联调试验	整组传动及相关 GOOSE 配置检查：动作情况应和测控装置出口要求和设计院的 GOOSE 虚端子连接图（表）一致	
		检修状态配合检查：进行每一个试验都需检查全站所有间隔的动作情况，无关间隔不应误动或误启动（新建站）	

7. 所有信号核对（含一次部分、二次部分设备）

所有信号核对见表 8.19。

表 8.19　　　　　　　　所 有 信 号 核 对

序号	验 收 项 目	检查情况及整改要求
1	与综合自动化后台监控机信号核对（查是否满足信号命名和分类规范，是否存在不同类信号合并问题）	
2	与 EMS 系统、运维站信号核对（调控一体站），跳闸信号可结合带开关整组传动试验进行核对；施工单位应与业主调度自动化专业进行四遥信号核对，并提交经调度自动化专业签字确认的报告	

8. 启动前及启动期间验收

启动前及启动期间验收见表 8.20。

表 8.20   **启动前及启动期间验收**

序号	验收项目	技术标准要求及方法	检查情况及整改要求
1	正式定值验收	要求在测控装置上直接核对定值，定值必须与设备运行管理单位下达正式测控定值整定单（含说明内容）逐项核对正确一致，变比与现场实际确认一致。具体定值核对工作需经专业技术人员确认无误，对于委托外单位调试的工程，应由业主运行维护单位的专业人员核对确认无误	
2	与运行设备接火工作已完成	由运行维护单位测控人员逐个回路、电缆芯确认正确后，施工调试人员负责接入运行设备，运行维护单位专业人员全程参与监督完成接火工作（适用于变电站二次设备技改、二期扩建等）	
3	启动前二次回路的检查	（1）投产前所有 TA、TV 二次回路及一点接地检查，防止 TA 二次开路和 TV 二次短路。 （2）投产前所有二次回路被临时拆除或接入的尾纤及硬接线是否全部恢复正常检查。 （3）所有二次回路的软/硬压板、GOOSE 链路、SV 链路、连接线、螺丝检查	
4	相量测试	（1）对于外委工程，业主运行维护单位的专业技术人员应参与相量测试分析工作，确保相量正确无误。 （2）相量测试必须进行电流变比、极性判别和电压电流相序、相位判别。 （3）现场实测相量值应与后台遥测量一致	

8.4.4   110kV 主变保护标准化验收卡

1. 设备验收概况及总结（本项作为工程验收完成的确认内容）

设备验收概况及总结见表 8.21。

表 8.21   **设备验收概况及总结**

单位名称		变电站名称		验收性质	新建（ ）　扩建（ ）
工程名称		间隔名称			技改（ ）
第一套保护	设备型号		制造厂家		出厂日期	
	软件版本		校验码		程序形成时间	
第二套保护	设备型号		制造厂家		出厂日期	
	软件版本		校验码		程序形成时间	

单位名称			变电站名称		验收性质	新建（ ） 扩建（ ）
工程名称			间隔名称			技改（ ）
第一套 MU	设备型号		制造厂家		出厂日期	
	软件版本		校验码		程序形成时间	
第二套 MU	设备型号		制造厂家		出厂日期	
	软件版本		校验码		程序形成时间	
第一套智能终端	设备型号		制造厂家		出厂日期	
	软件版本		校验码		程序形成时间	
第二套智能终端	设备型号		制造厂家		出厂日期	
	软件版本		校验码		程序形成时间	
软件版本要求		各保护的软件版本应符合省调最新发布的年度微机保护适用软件版本规定要求				符合（ ） 不符合（ ）
验收发现遗留问题	序号	问题的描述				整改建议
	1					
	2					
	3					
	4					
	5					
	...					
验收总体评价和结论						
验收各方签字	调试人员： 验收人员： 年 月 日					

2. 全站配置文件检查

全站配置文件检查见表 8.22。

表 8.22　　　　　　　　全 站 配 置 文 件 检 查

序号	验收项目	技术标准要求	检查情况及整改要求	验收方法
1	配置文件检查	调试单位已落实完成全站 SCD 文件与设计图纸一致的检查工作，并提交竣工的 SCD 文件给运行维护单位验收		检查报告
		调试单位已落实完成检查现场 SCD/CID 等配置文件与归档配置文件一致的检查工作		检查报告
		调试单位已落实完成归档 SCD/CID 的系统功能及通信参数与设计文件一致的检查工作		检查报告
		调试单位已落实完成归档 SCD/CID 的虚回路配置与虚回路设计表一致的检查工作		检查报告

3. 试验报告（原始记录）及技术资料检查

试验报告（原始记录）及技术资料检查见表 8.23。

表 8.23　　　　　　　　试验报告（原始记录）及技术资料检查

序号	验收项目	技术标准要求	检查情况及整改要求	验收方法
1	试验报告或原始记录（试验数据须采用手填）	应记录装置制造厂家、设备出厂日期、出厂编号、合格证等		检查报告
		应记录测试仪器、仪表的名称、型号；应使用经检验合格的测试仪器（合格有效期标签）		检查报告
		应记录试验类别、检验工况、检验项目名称、缺陷处理情况、检验日期等		检查报告
		应记录保护装置的版本号及校验码等参数		检查报告
		试验项目完整，定值按照调试定值/正式定值进行试验，试验数据合格（应有结论性文字表述）		检查报告
		两侧保护装置联调试验报告（出厂联调或集成联调报告）		检查报告
2	三级验收单	应有试验负责人和试验人员及安装调试单位主管签字并加盖调试单位公章的三级验收单		检查报告
3	工作联系单	工作联系单问题已处理，设计修改通知单已全部执行		检查报告
4	图实相符核对工作	调试单位已落实完成图实相符核对工作（对照施工图及设计变更通知单，核对屏柜电缆、光纤、网络接线是否与设计要求一致，光纤标识是否按照相关光纤标识规范粘贴），并提交一套完整的已图实核对的施工图（或由设计单位提供竣工草图）给运行维护单位验收		核对图纸、现场核查
5	传统电流互感器差动保护 TA10% 误差曲线	差动保护用的常规 TA 绕组应有完整 TA10% 误差曲线分析，且使用其二次回路阻抗与 10% 误差曲线比较，应有结论		检查报告
6	现场 TA 变比、极性等交底单	调试人员应认真完成现场 TA 变比、绕组、极性的核对，并向运行维护单位提交电流互感器技术交底单		检查报告

4. 设备外观、二次回路、光纤、网络安装及回路绝缘检查

设备外观、二次回路、光纤、网络安装及回路绝缘检查见表 8.24。

表 8.24　　　　　设备外观、二次回路、光纤、网络安装及回路绝缘检查

序号	验收项目	技术标准要求	检查情况及整改要求	验收方法
1	保护屏柜、测控屏、就地智能汇控柜、网络交换机柜、保护通信接口柜的安装	保护室内的二次地网与主地网的铜缆连接可靠；各保护屏底座四边应用螺栓与基础型钢连接牢固		现场核查
		保护屏柜门开、关灵活；漆层完好、清洁整齐；屏柜门应有 4mm² 以上的软铜导线与柜体相连		现场核查
		屏柜内二次专用铜排接地检查：屏内铜排用不小于 50mm² 的铜排（缆）接至二次地网铜排；就地智能汇控柜内二次专用铜排应用不小于 100mm² 的铜缆接至地网，二次电缆屏蔽层应可靠连接至柜内专用接地铜排上		现场核查
		屏柜内小开关、电源小隔离开关、空气开关电气接触良好；切换开关、按钮、键盘操作灵活，装置背面接地端子接地可靠		现场核查
		就地智能汇控柜、保护屏柜等底座的电缆孔洞封堵良好（由运行人员认可）		现场核查
		就地智能汇控柜内每一根二次电缆屏蔽层应可靠连接至屏柜专用接地铜排上，不得与 TV、TA 二次回路接地共用一个接地端子（螺栓）		现场核查
		就地智能汇控柜应与主地网明显、可靠连接，接地扁铁涂黄绿漆标识		现场核查
		就地智能汇控柜内二次接地铜排应与箱体外壳接点共同接至临近的接地网（或经临近接地构架接地）		现场核查
		分相式开关本体非全相保护应采用数字式或自锁式继电器；对于采用操作机构的断路器，非全相继电器严禁挂装在开关机构箱上，防止开关分合闸时造成非全相保护误动		现场核查
		铭牌及标示应齐全、清晰、正确		现场核查
2	端子排的安装	端子排应无损坏，固定良好，端子排内外两侧都应有序号		现场核查
3	电缆及二次回路接线检查	线与端子排的连接牢固可靠，每段端子排抽查十个，发现有任何一个松动，可认定为不合格		现场核查
		缆芯线和较长连接线所配导线的端部均应标明其回路编号，号头应有三重编号（本侧端子号、回路号、电缆号），且应正确，字迹清晰且不易脱色，不得采用手写		现场核查
		屏内电缆备用芯都应有号头（标明电缆号），且每芯应用二次电缆封堵头套好，不脱落，导线芯线应无损伤，且不得有中间接头		现场核查

序号	验收项目	技术标准要求	检查情况及整改要求	验收方法
3	电缆及二次回路接线检查	交流回路接线号头应用黄色号头管打印，与其他回路区别开。直流回路电缆接线套头宜使用白色标示		现场核查
		配线应整齐、清晰、美观，符合创优施工工艺规范要求		现场核查
4	二次回路绝缘	试验报告中保护、智能终端、MU、就地智能汇控柜中隔离开关开关控制电源等的供电直流电源以及交流回路的绝缘试验数据应合格；应根据试验报告随意抽取不少于三个试验点加以验证		检查报告和现场抽查
5	光缆、尾纤、光纤盒、网络线检查	光纤连接应设计图纸一致；光纤与装置的连接牢固可靠，不应有松动现象，光纤头干净无灰尘		现场核查
		跨屏柜光缆必须使用尾缆或铠装光缆，光缆、尾缆应穿 PVC 管或经光缆槽盒		现场核查
		光缆、光纤盒（光纤配线架）、尾纤应标识正确、规范，号头应有四重编号[线芯编号或回路号/连接的本柜装置及端口，光缆编号/光缆去向（对侧装置及端口号）描述，连接的对侧设备端口，如：1-SV/2-13n4X0UT1，EML-232/中心交换机 RX1]，保护直跳光纤应用红色标签标识、GOOSE 网应用红色标签标识；SV 采样采用黄色标签标识；SV 与 GOOSE 共网采用黄色，GPS 对时、MMS 网采用白色标签标识，且应字迹清晰且不易脱色，不得采用手写。备用纤芯均应布至正常使用端口旁		现场核查
		检查备纤数量及标识是否正确、规范，号头应有三重编号（线芯编号，光缆编号/光缆去向），采用白色标签标识，如：1-SV，EML-232/220kV 母联保护柜，且备用纤芯均应布至正常使用端口旁		现场核查
		尾纤的连接应完整且预留一定长度，多余的部分应采用弧形缠绕，尾纤在屏内的弯曲内径大于 6cm（光缆的弯曲内径大于 70cm），并不得承受较大外力的挤压或牵引，严禁采用硬绑扎带直接固定尾纤		现场核查
		尾纤不应存在弯折、窝折现象，不应承受任何外重，不应与电缆共同绑扎，尾纤表皮应完好无损		现场核查
		备用的光纤端口、尾纤应带防尘帽		现场核查
		网线号头应有三重编号（连接的本柜装置及端口、网线编号、网线去向名称），水晶头与装置网口连接可靠，网线号头应有标签或挂牌标识		现场核查

序号	验收项目	技术标准要求	检查情况及整改要求	验收方法
6	现场设备标识	各保护、测控屏柜、网络交换机柜、通信接口屏、直流屏（含通信直流屏）、就地智能汇控柜等的空气开关、压板标识应清晰明确、标准规范，并逐一拉合试验确认对应关系		现场核查
		各保护、测控屏柜命名应符合调度命名规范		现场核查
7	其他	屏内电缆、光缆悬挂号牌，挂牌为硬塑号牌，悬线使用硬导线；应按规范标明其电缆、光缆编号（含开关编号）等，且不得采用手写		现场核查
		屏内各独立装置、继电器、切换把手和压板标识正确齐全，且其外观无明显损坏		现场核查
		智能控制柜应具备温度、湿度的采集、调节功能，现场温湿度应保持在规定的范围内，并可通过智能终端GOOSE接口上送温度、湿度信息，厂家应提供柜体温湿度试验报告		检查报告和现场抽查

5. 保护主要反事故措施内容检查

保护主要反事故措施内容检查见表 8.25。

表 8.25　　　　　　　　　　　　　保护主要反事故措施内容检查

序号	验收项目	技术标准要求	检查情况及整改要求	备注
1	查交直流、强弱电是否混缆	交、直流以及强、弱电不得在同根电缆中		核对图纸、现场核查
2	端子排的反事故措施	正、负电源之间以及经常带电的正电源与合闸或跳闸回路之间，应至少以一个空端子隔开，或者用隔板隔开		核对图纸、现场核查
3	直流空气开关	双重化配置的每套保护装置、MU、智能终端、交换机等装置应独立配置一个专用直流空气开关，连接于同一 GOOSE 及 SV 网络的装置电源应接在同段直流母线上且一一对应，直流空气开关应上下级配合		核对图纸、现场核查
		双重化配置的每组操作回路独立配置一个专用直流空气开关，并分别接于不同直流母线上。若每套保护单独跳一个断路器线圈的，则保护电源应与所作用断路器的控制电源应接在同一段直流母线		核对图纸、现场核查
				核对图纸、现场核查
4	保护配置	双重化的保护在采样、逻辑、出口跳闸等回路上应完全独立		核对图纸、现场核查

序号	验收项目	技术标准要求	检查情况及整改要求	备注
4	保护配置	智能终端应具备直跳、网跳光纤回路独立跳闸，不得交叉		结合整组检查
		GOOSE组网应按照电压等级、保护功能进行划分，在需要跨GOOSE网络实现相关功能时，宜采用点对点直连方式实现		核对图纸、现场核查
5	TA 二次回路（常规电流互感器）	独立的、电气回路上没有直接联系的每组TA二次回路接地点应独立配置就地一点接地，并在就地智能汇控柜接地铜排上采用独立螺栓固定		核对图纸、现场核查
		应采用专用黄绿接地线（多股铜导线），截面不小于4mm²；且必须用压接圆形铜鼻子与接地铜排连接（接地线的两端均应采用铜鼻子单独压接工艺），不得与电缆屏蔽层共用一个接地端子（螺栓）		现场核查
		现场本体的TA变比设定情况及极性确认验收，应与提交的TA交底单一致		核对图纸、现场核查
6	TV 二次回路（常规电流互感器）	独立的、电气回路上没有直接联系的每组TV二次回路接地点应独立配置就地一点接地，并在就地智能汇控柜接地铜排上采用独立螺栓固定，不必经击穿保险接地（区别于常规N600一点接地规定）		核对图纸、现场核查
		（1）来自开关场的TV二次回路4根引入线和互感器三次回路的2根引入线均应使用各自独立的电缆，不得公用。（2）TV具备双二次绕组用于计量回路的电压互感器4根引入线也应使用各自独立的电缆，不得与保护公用		现场核查
		MU引入TV绕组的N线，应确认不经空气开关或熔断器，接入保护装置		现场核查
		两套MU的电压回路应分别配置有空气开关，TV交流电压空气开关应带辅助告警接点		现场核查
		应采用专用黄绿接地线（多股铜导线），截面不小于4mm²；且必须用压接圆形铜鼻子与接地铜排连接（接地线的两端均应采用铜鼻子单独压接工艺），不得与电缆屏蔽层共用接地端子（螺栓）		现场核查

6. MU 验收

MU 验收见表 8.26 和表 8.27。

表 8.26　　　　　　　　　　　　　MU 主要反事故措施内容检查

序号	验收项目	技术标准要求	检查情况及整改要求
1	MU 级联检查	MU 的级联方式应事先确定，宜采用 FT3 或 9-2 方式进行 MU 的级联，优先采用 9-2 方式级联	
2	MU 采样发送格式检查	SV 采样至虚端子通道宜采用 AABBCC 方式排列	

表 8.27　　　　　　　　　　　　　MU 单 体 调 试 验 收

序号	验收项目	技术标准要求	检查情况及整改要求	备注
1	版本检查	检查软件版本与报告版本一致		现场抽查
2	同步异常告警及装置告警	外时间同步信号丢失时应有 GOOSE 告警报文		现场抽查
		MU 光纤链路故障告警，模拟电源中断、电压异常、采集单元异常、同步异常、通信中断等异常情况，检验 MU 能将异常 GOOSE 信息上送测控，采样值不误输出		现场抽查
3	MU 的零漂、采样值精度（幅值和相角）	试验数据应在规程允许范围		现场抽查
		每个采样通道均要试验，采样精度误差符合规范要求		现场抽查
		三相交流模拟信号源分别输出 45Hz、48Hz、49Hz、50Hz、51Hz、52Hz、55Hz 的电压电流信号（三相平衡、初始相位角任意），给 MU。每个频率持续施加 1min。记录 MU 测试仪上显示的幅值误差和相位误差，计算误差改变量		现场抽查
		三相交流模拟信号源向 MU 输出含谐波的额定电压、电流信号，在基波上依次叠加谐波 2 次、3 次、5 次（测量电流和电压）、2 次、3 次、5 次（保护电流），谐波含量为 20％。每次谐波持续施加 1min。通过 MU 测试仪测量各通道的幅值误差和相位误差，并分析 MU 输出谐波的谐波次数、谐波含量		现场抽查
4	通道延时	采样报文通道延时测试，包括 MU 级联条件下的测试，通道延时时间小于 2ms		现场抽查
5	采样值状态字测试	投入检修压板（含母线 TV MU 检修压板），检测 MU 发送的采样值数据检修指示位应指示正确。MU 级联通道断链，相应的通道置无效位。能正确转发级联 MU 数据及品质信息		现场抽查

204

序号	验收项目	技术标准要求	检查情况及整改要求	备注
6	电压切换功能、电压并列功能	间隔MU接收母线TV MU电压SV（含双母线电压），同时从GOOSE网接收该间隔隔离开关位置信息进行电压切换，按福建省智能变电站二次系统设计规范中的推荐典型切换逻辑校验间隔MU的母线电压切换逻辑、母线电压并列逻辑是否正确		现场抽查
7	光功率检测	接收和发送的光功率、光纤链路衰耗值、光灵敏度应满足要求（光波长1300nm，发送光功率−20～−14dBm，接收光灵敏度−31～−14dBm；光波长850nm，发送光功率−19～−10dBm；接收光灵敏度−24～−10dBm）		检查报告、每间隔抽查2个
8	装置电源检验	MU电源在（80％～120％）范围内缓慢上升或缓慢下降过程中，采样值输出稳定，无异常输出		现场抽查
9	MU逻辑检查	GOOSE检修不一致时，MU GOOSE开入保持上一态		现场抽查
		MU GOOSE断链时，GOOSE开入保持上一态		
		MU投入检修压板，相关设备采样值的检修位指示正确		
10	二次通流检查	对保护通道进行二次通流检查，验证采样保护通道虚回路正确性		现场抽查现场抽查

7. 智能终端验收

智能终端验收见表8.28和表8.29。

表8.28   **智能终端反事故措施内容检查**

序号	验收项目	技术标准要求	检查情况及整改要求
1	智能终端回路检查	断路器防跳、跳合闸压力异常闭锁功能由断路器本体实现	
		两套智能终端装置失电、装置闭锁等状态应交叉告警。单套配置的智能终端装置失电、装置闭锁等信号靠邻近装置发告警信号	
2	智能终端直流空气开关检查	智能终端的装置电源、遥信电源和控制电源应独立设置空气开关，并取自同一段直流	
3	闭锁重合闸逻辑检查	220kV线路保护闭锁重合闸、智能终端手跳闭锁重合闸、母差保护跳闸、失灵保护跳闸、另一套智能终端闭锁重合闸、收GOOSE三跳令等"或"逻辑后发一总闭锁重合闸令给断路器/线路保护	
4	智能终端对时检查	智能终端宜采用光B码对时；智能终端发送的外部采集开关量应带时标	

序号	验收项目	技术标准要求	检查情况及整改要求
5	智能终端信号命名检查	智能终端的信号应按照省网相关规范命名要求设计	
6	智能终端信号	智能终端应设计保护跳闸、手合、手跳等信息，并经智能终端上送综合自动化后台	

表 8.29　　　　　　　　　　　　智能终端单体调试验收

序号	验收项目	技术标准要求	检查情况及整改要求	备注
1	版本检查	检查软件版本与报告版本一致		现场核查
2	电源检查	检查装置电源指示正常		现场核查
		拉合直流电源空气开关、智能终端能正常启动，不出现死机现象		现场核查
		在 80% 额定直流电压下，智能终端工作正常		现场核查
3	GOOSE 命令接收	GOOSE 跳、合闸、遥控命令动作正确，且应在动作后，点亮面板相应的指示灯并能自保持，GOOSE 命令结束后，面板指示灯只能通过手动或遥控复归		现场抽查
4	开入、开出关量检查	隔离开关、断路器位置节点等硬接点开入状态是否与 GOOSE 变位应一致		现场抽查
		开出量检查，断路器、隔离开关、接地开关遥控分合正确，保护动作出口正确		现场抽查
5	告警功能检查	GOOSE 链路中断告警功能正常，GOOSE 链路中断应点亮面板告警指示灯，同时发送 GOOSE 断链告警报文		现场抽查
		智能终端时间同步信号丢失以及失步，应发 GOOSE 告警报文		现场抽查
6	继电器检查	核查对应开关机构的跳闸电流，电流保持型防跳继电器动作电流应大于跳闸电流的 15% 且小于跳闸电流的 50%，线圈压降小于 10%U_e，并进行实际带开关模拟试验；检查厂家提供的出口中间继电器动作电压数据 [介于 (55%~70%)U_e 为合格]		现场抽查
7	非全相继电器检查	抽取几个出口继电器动作电压测试 [介于 (55%~70%)U_e 为合格]，动作功率应大于 5W		现场抽查
		线路间隔非全相出口时间继电器应整定在 2.5s（主变间隔非全相出口时间继电器应整定在 0.5s，误差不超过 5%），具有两组非全相回路的，应分别试验，检查继电器动作时限及出口的正确性		现场抽查

序号	验收项目	技术标准要求	检查情况及整改要求	备注
8	两个跳闸线圈同极性确认试验	送上第一组、第二组控制电源，模拟两组三相跳闸，检查开关应能正确跳闸，若正确则两线圈同极性接线，不会拒动		现场抽查
9	检修功能检查	智能终端投入检修后，发送的所有 GOOSE 报文检修位置"1"，主变测控智能终端 GOOSE 报文中开关位置等稳态量保持实时更新		现场抽查
		仅当 GOOSE 报文的检修位与本装置检修状态一致时，GOOSE 报文才参与本装置逻辑，当 GOOSE 报文的检修位与本装置检修状态不一致时，GOOSE 报文不参与本装置逻辑		现场核查
10	光功率检测	接收和发送的光功率、光纤链路衰耗值、光灵敏度应满足要求（光波长 1300nm，发送光功率 $-20\sim-14$dBm，接收光灵敏度 $-31\sim-14$dBm；光波长 850nm，发送光功率 $-19\sim-10$dBm；接收光灵敏度 $-24\sim-10$dBm）		现场抽查
11	与间隔层装置的互联检验	与另一套智能终端的闭锁重合闸信号开入及本装置 GOOSE 开出正确		现场核查
		与保护装置、测控、故障录波及网络报文分析仪的互联正确		现场核查
		上送的温度、湿度等模拟量信息正确		检查报告
		非电量保护信号应从源端模拟进行全面检查，及光耦动作电压检查（重瓦斯保护等应在本体实际模拟），并进行信号核对确认（本体智能终端）		现场抽查
		涉及跳闸的非电量重动继电器启动功率或动作功率应不小于 5W，动作电压应介于 $(55\%\sim70\%)U_e$；额定直流电压下动作时间应介于 $10\sim35$ms（本体智能终端）		现场抽查
12	遥测遥调检查	油温及绕组温度上送误差应保持在规定的范围内		现场抽查
		挡位调整功能正常，挡位显示正确		现场抽查

8. 保护单体验收

保护单体验收见表 8.30。

表 8.30 保护单体验收

序号	验收项目	技术标准要求及方法	检查情况及整改要求	备注
1	装置软件版本检查	检查装置软件版本、程序校验码、制造厂家等与调试定值单或正式定值单一致		现场核查
2	上电检查	电源检查：直流电源输入 80%U_e 和 115%U_e 下，电源输出稳定，拉合装置电源，装置无异常		检查试验报告，现场抽查
		无异常告警		
		定值整定功能：定值输入和固化功能、失电保护功能、定值区切换功能正常		
		压板投退功能：功能软压板及 GOOSE 出口软压板投退正常；检修硬压板功能正常		
		对时功能测试：检查装置的时钟与 GPS 时钟一致		
3	光功率检查	接收和发送的光功率、光纤链路衰耗值、光灵敏度应满足要求（光波长 1300nm，发送光功率为 −20～−14dBm，接收光灵敏度为 −31～−14dBm；光波长 850nm，发送光功率为 −19～−10dBm；接收光灵敏度为 −24～−10dBm）		每间隔抽查 3 个
4	通信检查	MMS 网络通信检查： （1）检查站控层各功能主站（包括录波）与该保护装置通信正常，能够正确发送和接收相应的数据。 （2）检查网络断线时，保护装置和操作员站检出通信故障的功能		现场抽查
		GOOSE 网络通信检查： （1）GOOSE 连接检查装置与 GOOSE 网络通信正常，可以正确发送、接收到相关的 GOOSE 信息。 （2）GOOSE 网络断线和恢复时，故障告警和复归时间小于 15s		
		SV 采样网络通信检查：装置与 MU 通信正常，可以正确接收到相关的采样信息		
		光纤物理回路断链应与监控后台断链告警内容一致		
5	压板检查	软压板命名应规范，并与设计图纸一致		现场核查
		进行出口软压板唯一性检查		
6	SV 数据采集精度及采样异常闭锁试验	保护装置的采样零漂、精度及线性度检查；每个采样通道的试验数据均应在允许范围		每间隔抽查现场核查现场核查
		SV 采样通道投退软压板检查，当退出某支路采样通道投退软压板时，该支路的 SV 采样数据应不计入逻辑运算		
		SV 断链检查：拔出装置 SV 光纤，模拟保护动作，应闭锁相关保护（与对侧联调时）		
		检查双 AD 采样值是否一致		
		当 SV 采样值无效位为"1"时，模拟保护动作，应闭锁相关保护		

序号	验收项目	技术标准要求及方法	检查情况及整改要求	备注
7	检修状态检查	仅当 GOOSE 报文的检修位与本装置检修状态一致时，GOOSE 报文才参与本装置逻辑；不一致时，GOOSE 失灵联跳等暂态开入应清零		现场核查
		仅当采样数据的检修位与本装置检修状态一致时，采样值才参与本装置逻辑；不一致时，应闭锁相关保护		现场核查
		本装置投入检修后，发送的所有 GOOSE 报文检修位置"1"		现场核查
		本装置投入检修状态时应将 MMS 报文置检修标识，操作员站仅在检修窗口应显示相关报文		现场核查
8	开入、开出量检查	硬接点开入、开出检查，要求与设计图纸一致，功能正常		现场核查
		装置的 GOOSE 虚端子开入、开出应与设计图纸、SCD 文件一致（结合传动试验检查）		
		GOOSE 通道软压板检查：GOOSE 开入软压板退出，该 GOOSE 报文不参与逻辑；GOOSE 开出软压板退出，该 GOOSE 报文不发送		
9	保护装置定值检验	按照调度下达的正式定值（或调试定值）单，各选取两个主保护、后备保护定值项，模拟相应的故障，所测试验数据与试验报告上的数据相比较，偏差应较小		现场抽查
10	功能联调试验	遥控软压板试验：在保护装置上把"远方控制压板"置1，在监控后台投退相应软压板，检查保护装置对应的变位状况和监控后台的变位状况		
		整组传动及相关 GOOSE 配置检查：动作情况应和保护装置出口要求和设计院的 GOOSE 虚端子连接图（表）一致，包括启动失灵出口等相关逻辑检查（结合传动试验检查）		现场抽查
		检修状态配合检查：进行每一个试验都需检查全站所有间隔的动作情况，无关间隔不应误动或误启动（新建站）		
		跳闸出口回路唯一性检查：拔出装置 GOOSE 直跳光纤，模拟保护动作，智能终端不应动作		
11	远方遥控	功能软压板、SV 软压板和 GOOSE 软压板分别抽取 2~3块，从操作员工作站遥控		现场抽查
		定值查看、远方修改及定值区切换，选取 2~3 个定值，从操作员工作站进行抽查		现场抽查

9. 线路保护验收

线路保护验收见表 8.31 和表 8.32。

表 8.31   主变保护功能规范检查

序号	验收项目	技术标准要求	检查情况及整改要求	验收方法
1	保护配置	各套主变电量保护必须配置双主双后保护，独立且完整。两套保护在电流、电压、出口跳闸等回路上应完全独立		核对图纸
		主变各侧 TA 配置应互相包绕，无死区		核对图纸
		主变各侧开关控制电源应在直流电源屏采用单对单独立配置		核对图纸
		主变高压侧断路器失灵联跳功能由主变保护实现，主变保护接收失灵联跳开入（应配置 GOOSE 接收软压板）经无需整定的电流定值及 50ms 延时跳主变各侧		核对图纸
		低压侧过流保护应具备联跳三侧开关的功能		核对图纸
		高阻变压器应配置低压侧绕组电流互感器，实现后备保护功能		核对图纸
2	非电量保护反事故措施	瓦斯保护应防水、防油渗漏，密封性好，气体继电器由中间端子箱（如本体端子箱或主变端子箱）的引出电缆应直接接入保护柜		核对图纸
		长电缆引入的非电量重动继电器启动功率应不小于 5W，动作电压应介于（55%～70%）U_e；额定直流电压下动作时间应介于 10～35ms		核对图纸
3	非电量保护功能	主变非电量保护应集成在主变本体智能终端中，并采用常规电缆就地跳闸方式，保护动作信号通过本体智能终端的 GOOSE 报文转发给测控装置上送至综自系统		核对图纸
		非电量保护的电源应在直流电源屏独立配置空气开关		核对图纸
		非电量保护与电量保护应无任何联系		核对图纸
		非电量保护出口应跳高压侧开关的双组跳闸线圈		核对图纸
4	组网口要求	主变保护应配置不同的 GOOSE 组网口对应高、中压侧 GOOSE 网，不同网口应采用相互独立的数据接口控制器，防止 GOOSE 网交叉		核对图纸
5	辅助功能要求	过负荷启动风冷、过载闭锁有载调压、冷却器全停延时功能由变压器本体实现，信号通过本体智能终端上送至综自系统		核对图纸
6	二次回路绝缘	核查试验报告，本项试验数据应合格（在允许范围内），项目应包括交流电流回路、电压回路、直流操作回路对地及回路之间，主变还应有变压器非电量回路对地及回路接点之间绝缘；应根据试验报告随意抽取不少于 3 个试验点加以验证		现场抽查

210

表 8.32　　　　　　　　　　　主变保护带开关整组传动试验

序号	验收项目	技术标准要求及方法	检查情况及整改要求	验收方法
1	直流电源对保护影响	在空载状态下： （1）拉合直流电源空气开关。 （2）缓慢变化或大幅度变化直流电源电压，保护不应误动或信号误显示保护不应动作		现场核查
		由试验装置加入电流、电压，模拟正常运行状态时： （1）拉合直流电源空气开关。 （2）缓慢变化或大幅度变化直流电源电压，保护不应误动或信号误显示保护不应动作		现场核查
		80%额定直流电源下，模拟各种故障性质，检验保护间配合关系和带开关跳闸能力		现场核查
2	带开关传动试验，核对两套保护装置压板、智能终端、开关唯一性对应正确	（1）合上主变各侧开关及相关开关。 （2）仅投两套保护功能压板，模拟瞬时故障，保护跳闸信号正确，开关不跳闸。 （3）在（2）的基础上增投第一套保护的高压侧开关出口压板，断操作Ⅱ组直流，模拟瞬时故障，保护装置及操作箱上应有动作信号，开关跳闸出口正确；并与开关就地现场人员核对所跳开关正确。 （4）在（2）的基础上增投第二套保护的高压侧开关出口压板，断操作Ⅰ组直流，模拟瞬时故障，保护装置及操作箱上应有动作信号，开关跳闸出口正确；并与开关就地现场人员核对所跳开关正确。 注：第（3）、第（4）条对应不同的跳闸开关（高压侧、中压侧、低压侧开关等）应分别模拟。 （5）两套保护电流回路串联（任一相），两套保护均投入与运行方式完全相同的状态（包括压板、切换把手、直流电源、控制电源等），模拟瞬时故障，差动保护动作，开关动作正确，信号正确，装置打印报告正确、打印波形正确。 （6）确认主变各侧开关、高中压母联开关、旁路开关、低压分段开关跳闸出口、失灵启动出口、解除失灵保护复压闭锁出口、闭锁备自投装置出口、闭锁有载调压、过负荷启动风冷出口、跳闸矩阵动作情况等均正确。 （7）在变压器本体实际模拟变压器本体、有载重瓦斯保护动作，开关跳闸正确，信号正确		现场核查
3	检修状态配合检查	从某侧 MU 加故障量，MU 与保护装置检修状态一致时，保护正常动作；二者检修状态不一致时，应闭锁与该间隔相关保护		现场核查
		保护装置与智能终端检修状态一致时，模拟故障，开关跳闸；二者检修状态不一致时，保护动作，开关不跳闸		现场核查
		主变保护与其余装置互联信号检修状态检查，检修状态一致时，GOOSE 信号正确传送；检修状态不一致时，GOOSE 失灵联跳等暂态开入应清零		现场核查

序号	验收项目	技术标准要求及方法	检查情况及整改要求	验收方法
4	校验母差保护动作跳本开关逻辑	将数字保护测试仪接入智能终端的母差保护 GOOSE 直跳口，模拟母线保护动作跳该间隔，开关应跳闸（仅限于扩建、技改）		检查报告
5	校验失灵保护动作跳本开关逻辑	将数字保护测试仪接入智能终端失灵保护 GOOSE 直跳口（或 GOOSE 网络口），模拟失灵保护动作跳该间隔，开关应跳闸（仅限于扩建、技改）		检查报告
6	校验失灵联跳三侧开关逻辑	将数字保护测试仪接入主变保护 GOOSE 网络口，模拟失灵联跳该开入，若主变保护施加该侧电流，主变三侧开关跳闸；若主变该侧无电流，保护不动作（仅限于扩建、技改）		现场核查
7	校验解除复压闭锁回路（220kV）	投主变解除失灵保护复压闭锁压板，在主变保护屏模拟故障，检查母线保护有复压闭锁开入指示		现场核查
8	校验失灵启动回路	失灵启动回路接入完整，投主变失灵启动压板，退出开关跳闸出口软压板，在主变保护屏模拟永久性故障，同时在母线保护主变间隔加入电流，此时主变保护装置动作、开关未跳；失灵保护屏上的失灵保护动作。若失灵屏上不加电流，则失灵应不会动作		现场核查
9	启动通风检查	模拟温度、负荷接点动作，检查风扇运行情况		现场核查
10	闭锁有载调压回路检查	模拟过负荷动作，调压功能应被闭锁（若采用本体端子箱过电流继电器动作闭锁调压，应在本体端子箱电流回路中加电流，模拟闭锁功能）		现场核查
11	闭锁低压侧备自投	在主变保护屏模拟故障，检查备自投装置闭锁开入		现场核查
12	级联电压异常逻辑检查	主变 MU 未投检修、母线 MU 投检修时，只闭锁与级联电压有关的主变保护逻辑		
		母线 MU 与主变 MU 之间级联光纤断链时，只闭锁与级联电压有关的主变保护逻辑		

10. 信号核对（含综自后台及调度主站）

信号核对见表 8.33。

表 8.33 信 号 核 对

序号	验 收 项 目	检查情况及整改要求	备注
1	与综自后台监控机进行信号核对（查是否满足信号命名和分类规范，是否存在不同类信号合并问题）		现场核查

序号	验 收 项 目	检查情况及整改要求	备注
2	与调度主站（调控一体站）进行信号核对，跳闸信号可结合带开关整组传动试验进行核对，并提交经调度自动化专业签字确认的报告		现场核查
3	与故障录波装置的联调检查，结合整组传动试验，应在主站、子站调阅保护装置录波信息，并确认正常，与网络分析仪的联调检查，结合整组传动试验，应调阅采样值、动作信息等，并确认正常		现场核查
4	与保护故障信息系统的联调检查，结合整组传动试验，应在主站、子站调阅动作信息、保护装置录波信息，并确认正常		现场核查

11. 启动前及启动期间验收

启动前及启动期间验收见表 8.34。

表 8.34   启动前及启动期间验收

序号	验收项目	技术标准要求及方法	检查情况及整改要求	备注
1	调度正式定值验收	要求应从每套保护装置中打印出完整定值清单（包含系统参数、变比信息、控制字定值、软压板定值等内容），与调度下达正式保护定值整定单（含说明内容）逐项核对正确一致，变比与现场实际确认一致。具体定值核对工作需经继电保护专业技术人员确认无误，对于委托外单位调试的工程，应由业主运行维护单位的保护人员核对确认无误（包含对侧母差退出、对侧单供变等不同运行方式下本站配合的设定定值的核对）		现场核查
2	母差失灵保护 TA 变比核对	核对母差失灵保护装置内的对应线路、主变、母联间隔的 TA 变比或变比系数已整定正确，并与现场实际的 TA 变比核对一致；核对母差保护出口跳对应线路、主变或母联间隔的软压板以及对应间隔启动母差失灵的开入软压板正确性		现场核查
3	启动前二次回路及光纤的检查	投产前所有二次回路及光纤链路的检查，断路器、隔离开关位置是否正常，包括 TA、TV 一点接地检查，防止 TA 二次开路和 TV 二次短路（常规互感器）		现场核查
4	相量测试	查看测控装置、MU 采样情况；钳形表、数字相位表测量电流、电压；查看保护装置差流情况		现场核查